红外热成像测温原理与技术

杨 立 杨 桢 等 著

科 学 出 版 社
北 京

内 容 简 介

本书是在海军工程大学工程热物理研究室十多年的教学科研成果经验总结的基础上撰写而成的。本书在介绍红外热像仪的基本概念、红外辐射特性及其传输基本知识的基础上，重点论述红外成像测温原理、非漫射体红外测温技术、变谱法红外测温技术、军事目标和海面的红外成像测温技术，讨论影响红外测温准确性的因素和红外测温修正方法，介绍红外热像仪的标定和测试技术。

本书可作为高等院校能源、动力、光学、机械、船舶和交通运输等专业的高年级本科生和研究生的教学用书，也可作为相关科技人员的参考书。

图书在版编目(CIP)数据

红外热成像测温原理与技术/杨立等著. —北京：科学出版社，2012
ISBN 978-7-03-034817-3

Ⅰ.①红… Ⅱ.①杨… Ⅲ.①红外成象系统-红外测温仪-研究 Ⅳ.①TH811.2

中国版本图书馆 CIP 数据核字(2012)第 125652 号

责任编辑：杨向萍 陈 婕 潘继敏／责任校对：包志虹
责任印制：徐晓晨／封面设计：耕者设计工作室

科学出版社 出版
北京东黄城根北街 16 号
邮政编码：100717
http://www.sciencep.com
北京凌奇印刷有限责任公司印刷
科学出版社发行 各地新华书店经销
*
2012 年 6 月第 一 版 开本：B5（720×1000）
2025 年 1 月第六次印刷 印张：11 3/4
字数：234 000
定价：88.00 元
（如有印装质量问题，我社负责调换）

前　言

自从 1964 年研制出具有测温功能的红外热像仪以来，红外成像测温技术得到广泛应用，如传热研究、设备红外检测、红外遥感、军事目标红外测量、大气红外检测、工业设备红外监控、交通管理、医学热诊断等。特别是近年来随着半导体集成电路技术、热辐射探测器材料研究的进步，采用非制冷红外焦平面阵列探测器的热像仪的成功研制，使得热像仪的体积更小、价格更低、使用更方便，红外热像仪的应用已覆盖从民用到国防的诸多领域。由于红外热像仪温度测量原理较复杂，影响温度测量准确性的因素较多，在许多人看来红外测温的准确度不高，因此，开展红外辐射温度测量技术的研究，探索提高红外测温准确性的方法变得日益迫切。红外热像仪测温精度是在实验室近距离通过对黑体辐射源的标定来保证的，但是在实际测量中被测物体往往不满足黑体辐射特性，物体表面发射率和反射率、环境辐射、大气辐射等都会对红外热像仪测温造成影响。目前，红外热像仪测温的修正方法是假设被测物体满足灰体近似，通过设定被测物体表面发射率和环境温度或反射温度来修正温度测量值，这种修正方法对发射率较高的非金属物体的红外测温能基本满足测量准确性的要求。但对低发射率物体、非漫射表面、环境存在多个高温热源和远距离测量等情况，目前的测温修正算法误差太大，不能满足红外测温的需要。近十多年来，作考在红外辐射测温、设备状态红外检测和故障定量识别、军用目标红外特征测量等方面开展了一系列的教学和科研工作，本书归纳整理了部分研究结果。

全书共分 9 章。第 1 章介绍红外热像仪的基本概念和发展历史；第 2 章介绍红外辐射及其传输的基本知识、基本定律；第 3 章介绍红外成像测温原理，着重介绍红外辐射温度测量和发射率测量的基本方法；第 4 章介绍红外成像测温误差分析与修正方法，着重介绍环境温度、邻近高温物体、太阳辐射、探测器温度等因素对红外测温的影响及其修正方法，介绍反射温度补偿法对红外测温的修正与补偿计算；第 5 章介绍非漫射体红外成像测温技术；第 6 章介绍基于变谱法的红外测温技术；第 7 章介绍红外热像仪的标定与性能测试，介绍黑体辐射源和红外热像仪主要性能参数的标定与测试方法；第 8 章介绍军事目标的红外热成像温度测温技术，主要介绍军事目标红外测温的模型、红外测温的计算公式和对影响军事目标测温准确性的方法进行修正；第 9 章介绍海面温度的红外热成像测温技术，主要介绍海面反射率与发射率的计算、海面辐射分析和海面温度红外测量原理与测量方法。

本书第 1～3 章、4.1 节、4.3 节、4.4 节和第 7 章由杨立撰写，第 4.2 节、4.5

节、第 5 章、第 6 章和第 8 章由杨桢撰写，第 9 章由张士成和陈翾撰写，全书最后由杨立统稿和修改。

本书在撰写过程中得到海军工程大学舰艇动力工程专业高年级学生和工程热物理专业的研究生刘慧开、张健、范春利、杨宝东、杜永成、吕事桂、王为清、彭友顺等的支持和帮助，在此表示衷心的感谢。

限于作者水平，书中难免有不妥之处，恳请读者提出宝贵意见和建议。

作　者

2012 年 3 月

目　　录

前言
第1章　红外热像仪概述 …… 1
1.1　红外热像仪简介 …… 1
1.2　红外热像仪的发展 …… 3
1.3　红外热像仪的组成及工作原理 …… 4
1.3.1　红外热像仪的组成部分 …… 5
1.3.2　红外热像仪工作原理 …… 12
1.3.3　红外热像仪的主要性能参数 …… 15
参考文献 …… 16
第2章　红外辐射基本理论 …… 18
2.1　概述 …… 18
2.2　黑体的红外辐射规律 …… 20
2.2.1　辐射的光谱分布规律——普朗克辐射定律 …… 20
2.2.2　辐射光谱的移动规律——维恩位移定律 …… 21
2.2.3　辐射功率随温度的变化规律——斯特藩-玻尔兹曼定律 …… 22
2.2.4　黑体辐射能按波段的分布 …… 22
2.3　实际物体的红外辐射规律 …… 23
2.4　辐射度学的一些基本概念 …… 26
2.4.1　常用辐射量 …… 27
2.4.2　辐射度量中的基本规律 …… 29
2.4.3　发射率及其变化规律 …… 30
2.4.4　吸收率及其变化规律 …… 34
2.4.5　反射率及其变化规律 …… 35
2.4.6　反射率、吸收率和发射率之间的关系 …… 37
2.5　红外辐射的大气传输 …… 37
2.5.1　大气吸收 …… 39
2.5.2　大气散射 …… 40
2.5.3　大气辐射传输的计算 …… 43

参考文献 …… 45
第 3 章　红外热成像测温原理 …… 47
3.1　概述 …… 47
3.2　红外测温原理 …… 48
3.3　红外温度测量方法 …… 52
3.3.1　温度的直接测量法 …… 52
3.3.2　温度的相对测量法 …… 53
3.3.3　双波段测温法 …… 53
3.4　物体发射率测量方法 …… 54
3.4.1　利用热像仪测量表面发射率的误差分析 …… 55
3.4.2　几种测量发射率的方法 …… 55
参考文献 …… 57
第 4 章　红外成像测温误差分析与修正方法 …… 60
4.1　红外测温误差计算分析 …… 60
4.1.1　被测物体表面发射率的影响 …… 61
4.1.2　被测物体表面吸收率误差的影响 …… 63
4.1.3　大气透射率误差的影响 …… 63
4.1.4　大气发射率误差的影响 …… 64
4.1.5　大气温度误差的影响 …… 65
4.1.6　环境温度误差的影响 …… 65
4.1.7　辐射温度的影响 …… 65
4.2　探测器温度对非制冷微测辐射热计热像仪测温的影响与修正 …… 66
4.2.1　非制冷微测辐射热计热像仪测温原理与计算 …… 67
4.2.2　探测器温度对测温的影响 …… 68
4.2.3　修正原理及方法 …… 68
4.2.4　实验验证 …… 72
4.3　太阳辐射对红外热像仪测温误差的影响 …… 73
4.3.1　测温原理 …… 74
4.3.2　测温计算及误差分析 …… 74
4.3.3　太阳辐射吸收率对测量误差的影响 …… 75
4.3.4　太阳辐射的影响 …… 75
4.4　邻近高温物体对红外测温的影响 …… 76
4.4.1　测温计算及误差分析 …… 77

4.4.2 高温物体对测温的影响分析 …… 78
4.5 反射温度补偿法对红外测温的修正与补偿计算 …… 81
4.5.1 红外热像仪测温原理与计算 …… 81
4.5.2 反射温度补偿法及其原理 …… 81
4.5.3 误差分析与补偿效果比较 …… 83
4.5.4 实验验证 …… 87
参考文献 …… 88
第5章 非漫射体红外热成像测温技术 …… 90
5.1 实际物体红外热像仪测温原理 …… 90
5.2 红外热像仪测温计算 …… 92
5.3 实际物体温度测量实验验证 …… 93
5.3.1 实验仪器介绍 …… 93
5.3.2 实际物体辐射特性的实验 …… 95
5.3.3 被测物体周围存在高温物体的反射温度补偿法实验 …… 100
5.4 一种测量实际物体发射率的实用方法 …… 104
5.4.1 测量原理 …… 104
5.4.2 实验验证 …… 105
参考文献 …… 106
第6章 基于变谱法的红外热像仪测温技术 …… 108
6.1 红外热像仪测温原理与计算 …… 108
6.1.1 红外热像仪测温原理 …… 108
6.1.2 热探测器响应度分析 …… 109
6.1.3 非制冷红外热像仪测温计算 …… 111
6.1.4 测温公式准确性的实验验证 …… 113
6.2 红外热像仪测温的变谱法 …… 114
6.2.1 变谱法的原理 …… 114
6.2.2 技术实现 …… 115
6.3 灰体材料的测温 …… 116
6.3.1 灰体材料测温原理 …… 116
6.3.2 测温方法验证 …… 117
6.4 郎伯体材料的测温 …… 120
6.4.1 郎伯体材料的测温原理 …… 120
6.4.2 测量方法验证 …… 121

6.5 复杂背景环境中红外热像仪测温的变谱法 …… 124
6.5.1 理论基础 …… 124
6.5.2 方法验证 …… 126
参考文献 …… 129
第 7 章 红外热像仪的标定与性能测试 …… 131
7.1 黑体型辐射源 …… 131
7.1.1 黑体和黑体型辐射源 …… 131
7.1.2 典型黑体辐射源的结构 …… 133
7.2 黑体腔的有效发射率 …… 134
7.3 红外热像仪的标定 …… 137
7.3.1 准确度校准 …… 137
7.3.2 测温一致性校准 …… 138
7.4 红外热像仪性能测试 …… 138
7.4.1 噪声等效辐射测试 …… 138
7.4.2 等效噪声温差测试 …… 139
7.4.3 最小可分辨温差测试 …… 140
7.4.4 最小可探测温差测试 …… 142
7.4.5 相对光谱响应测试 …… 143
参考文献 …… 143
第 8 章 军事目标红外热成像温度测量技术 …… 144
8.1 军事目标测温模型与测温计算 …… 145
8.2 军事目标表面发射率的测量技术 …… 147
8.2.1 影响发射率大小的因素分析 …… 147
8.2.2 测量发射率的方法 …… 149
8.3 大气透射率的测量 …… 150
8.3.1 大气衰减的原因 …… 150
8.3.2 现有大气影响的修正方法评述 …… 151
8.3.3 大气透射率计算法 …… 152
8.3.4 大气透射率的现场标定法 …… 153
8.3.5 一种测量大气透射率的方法 …… 154
8.4 背景辐射的修正 …… 155
8.4.1 太阳辐射 …… 155
8.4.2 天空背景辐射 …… 157

8.4.3　地表辐射 …………………………………………………………… 158
8.4.4　等效背景辐射的测量 ………………………………………………… 158
参考文献…………………………………………………………………… 159
第9章　海面温度的红外热成像测温技术……………………………… 161
9.1　海面反射率与发射率计算 ………………………………………… 161
9.2　海面辐射分析 ……………………………………………………… 167
9.3　海面温度测量原理 ………………………………………………… 170
9.3.1　垂直海面方向温度测量 …………………………………………… 171
9.3.2　观测方向天顶角较大时海面温度测量 …………………………… 171
9.3.3　考虑太阳辐射影响时海面温度的测量原理 ……………………… 173
参考文献…………………………………………………………………… 175

第 1 章　红外热像仪概述

1.1　红外热像仪简介

红外热像仪是接收物体发出的红外辐射，并将其转换为可见光图像的装置。这种热像图与物体表面的表观温度分布场相对应，实质上是被测目标各部分的红外辐射分布图。热辐射图像主要是由温度差和发射率差产生的。由于红外热像仪利用景物自身发射的热辐射成像，从根本上解决了夜间的成像探测和观察问题。红外成像技术有三大功能：一是将人眼的观察范围扩展到红外光谱区；二是极大提高人眼观察的灵敏度；三是获得客观世界与热运动相关的信息[1]。

红外热像仪不但在军事应用中占有重要地位，在民用方面也具有很强的生命力。它具有以下特点[2]：

(1) 它属于非接触测量技术，适合检测快速运动目标、带电目标和微小目标的温度。

(2) 测温面积大，测温效率高，能直观显示物体表面温度场。热像仪可同时测量物体表面各点温度的高低，并以图像形式显示出来。民用热像仪的热图可以显示 640×640 个单元的温度分布，空间分辨率很高。

(3) 温度分辨率高。由于热像仪可以同时显示两点的温度值，可准确区分很小的温差，温度分辨率可达 0.01℃甚至更高。

(4) 可采用多种显示方式。热像仪输出的视频信号可以用伪彩色或灰度的形式显示热图像。通过模数转换处理，还可用数字显示物体各点温度。

(5)可进行数据存储和计算机处理。

红外热像仪按工作方式可分为主动系统与被动系统、单元系统与多元系统、光点扫描系统与调制盘扫描系统、成像系统与非成像系统。

按检测物体的点、线、面分，红外辐射测温系统依次有红外点温仪(又称红外测温仪)、红外行扫仪、红外热电视和红外热像仪。

红外点温仪主要用于测量物体一个相对小的面积上的平均温度，因此每次测量的区域有限，当需要大面积测量时，必须在被测区域内选择多点、多次测量才能完成，相当麻烦。但由于它轻巧便携、坚固耐用、使用方便，因而成为设备巡检和维护人员的得力工具和必要手段。红外热电视采用热释电靶面探测器和标准电视扫描方式，结构简单、造价低、无机械转动、无需特殊冷却，不足之处是温度分辨率较低，适合于工业系统使用。

按应用领域，红外成像系统可以分为军用系统与民用系统两大类型。

(1) 军用热像仪。它只要求对目标清晰成像，不需要定量监测温度，它的性能要求重点是高的取像速度和高的空间分辨率，被称为“红外前视系统（forward looking infrared system，FLIRS）”，现在用来泛指任何快速帧扫描热像仪。

(2) 民用热像仪。在大量工业、医疗、交通、科研实验等场合，不仅需要对被测物体表面的热场分布进行清晰成像，而且强调精确的温度测量。与军用红外系统相比，民用热像仪更强调温度测量的灵敏度，称为“红外热像仪”。

按扫描读出方式，热像仪可分为光机扫描热像仪和凝视型热像仪。

(1) 光机扫描热像仪。早期研制和生产的热像仪大都采用光学机械扫描仪对单元器件进行高速扫描，得到物体的实时热图，但系统的探测能力不高。采用线列探测器进行扫描，可提高系统的探测能力。根据扫描器在光路中位置的不同，热像仪又分为物方扫描和像方扫描两种扫描方式。根据探测器相对于行扫方向排列方式的不同，热像仪又分为串扫热像仪和并扫热像仪。

(2) 凝视型热像仪。随着焦平面列阵探测器的发展，现代热像仪采用了大面阵探测器，系统取消了光学机械扫描器，实现了凝视成像，使热像仪结构大大简化，性能大幅提高，使用十分方便。

红外热像仪发展到目前已有三代产品。第一代红外热像仪就是制冷型的光机扫描热像仪，探测器单元数少于 200 元。光机扫描热像仪的成像清晰度相当好，取得的热信息相当丰富，但是扫描系统繁杂，制造和使用维护都十分不便。为此又研制出第二代红外热像仪，其特点是探测器采用了扫描型的焦平面探测器，探测器单元数少于 106 元。第三代红外热像仪采用大面阵焦平面探测器，探测器单元数大于 106 元，革除了高速运动的机械扫描机构，采用自扫描的固体器件做成凝视型红外焦平面热像仪。

按工作波段分类，热像仪可分为长波红外热像仪、中波红外热像仪、短波红外热像仪、双波段红外热像仪和多波段红外热像仪。

根据完成帧扫描的时间分类，热像仪又可分为低速热像仪、中速热像仪和高速热像仪[2]。低速热像仪的帧扫描时间高于 10s，如美国巴恩斯（Barnes）工程公司生产的第一台获得广泛应用的机械扫描远红外热像仪，采用无需制冷的半导体测辐射计，每帧扫描时间为 2min，温度分辨率为 0.04℃；苏联生产的红宝石热像仪采用液氮制冷的 InSb 光导探测器，帧扫描时间为 40s，每帧 240 行，温度分辨率为 0.1℃。中速热像仪的帧扫描时间为 0.1～10s，如日本生产的红外眼热像仪，在水平和垂直方向的扫描时间为 10s，采用 HgCdTe 红外探测器，温度分辨率为 0.1℃；美国得克萨斯仪器公司生产的 Texas 热像仪，采用 HgCdTe 红外探测器，帧频为 0.25Hz，温度分辨率达到 0.07℃。高速热像仪的帧扫描时间低于 0.1s,通常的帧频为 16～25Hz,采用多元探测器帧频可提高到 50Hz,如瑞典 AGA 公司生产的 AGA680 型、AGA750 型和 AGA780 型系列热像仪等。

按系统是否具有制冷装置分类,热像仪分为制冷型热像仪和非制冷型热像仪。制冷型热像仪温度分辨率高、重量较轻,但体积大、价格高,使用不方便;非制冷型热像仪在探测性能方面不及制冷型的,但价格便宜、体积小、重量轻、使用方便,在军事领域的低端应用和民用等方面有广阔的应用前景。

1.2　红外热像仪的发展

利用红外辐射原理进行温度测量的仪器是从简单到复杂逐渐发展而成的,最先应用于军事。1929 年,Czerny 等研制出蒸发式热像仪[3]。蒸发式热像仪是根据如下原理设计而成的:当红外辐射投射到涂有挥发性的薄油膜上时,膜片吸收热辐射使其局部温度发生变化,进而导致油膜的蒸发和膜厚度的改变,在可见光的照射下可看到不同颜色的干涉条纹。1929 年,科勒发明了对近红外辐射响应灵敏的银氧铯光电阴极。20 世纪 30 年代初,美国工程师法恩斯沃思和霍尔斯特提出了光电图像转换原理。在此基础上,荷兰、德国和美国等国研制成红外变像管。红外变像管是将不可见的红外图像变成可见图像的真空电子器件。在红外变像管中,当外来辐射成像于光电阴极时,光电阴极发射电子,电子经电子透镜聚焦并加速后,轰击荧光屏使之产生较亮的可见图像。由于很少有军事目标能在变像管的响应范围内产生强辐射,于是就需要提供一种照射源,因此这种使用变像管的系统称为主动式系统[4]。1952 年,美国陆军研制出第一台光机扫描的慢帧速热像记录仪,它使用一个 16in(1in=2.54cm)的探照灯反射镜、一个双轴扫描器和一个辐射热探测器,所成的热像被记录在照相胶片上,属于非实时装置。随着制冷型、短时间常数的锑化铟(InSb)和掺锗汞(Ge:Hg)等光电探测器的出现,1956 年芝加哥大学在空军资助下试制出第一台长波前视红外仪器,它由 AN/AAS-3 型条幅式绘图仪改进而成,在绘图仪的计数回转光楔扫描器上加一个节点俯仰反射镜,使单个探测器能描绘出二维光栅图形[5]。1960 年,Perkin-Elmer 公司为美国陆军研制出第二台实时长波前视红外仪器。这台仪器叫做棱镜式扫描仪,它利用两个旋转折光棱镜对单个 InSb 探测器产生螺旋式扫描,它对后续军用和民用热像仪的发展起到很大的促进作用。1965 年,得克萨斯仪器公司开发研制出第一代用于军事领域的机载红外成像装置,称为前视红外系统(FLIR)。从此以后,前视红外系统如雨后春笋,快速发展。在 1960 年至 1974 年间,美国至少研制出 60 种不同的前视红外系统,并生产了数百具产品[5]。

1964 年,瑞典 AGA 公司和瑞典国家电力局联合成功研制第一台工业用热像仪(Thermovision 650),它用液氮制冷,仪器重量达 30 多公斤,使用很不方便。

尽管笨重,但在各种应用中,特别是电力设备维修中,这台工业用热像仪体现了其应用价值。此后,工业用热像仪的发展经历了以下过程[6]:

(1) 1973 年,世界上第一台便携式红外热成像系统诞生(Thermovision 750)。

(2) 1979 年,世界上第一台与计算机连接的、具有数字成像处理系统的热成像系统诞生。

(3) 1986 年,世界上第一台热电制冷红外成像系统面世,从而摆脱了大的气瓶。

(4) 1991 年,世界上第一台真正双通道数字式 12bit 研究型热成像系统——THV900(AGEMA)诞生。

(5) 1995 年,第一台获得 ISO 9001 国际质量体系认证的、焦平面、内循环制冷性热成像系统出现。

(6) 1997 年,世界上第一台非制冷、长波、焦平面热像仪 THV570 诞生,这是红外技术领域的一次革命性转变,将世界红外检测技术推向一个崭新的阶段,启动速度由原来的 5min 下降到 45s。

(7) 2000 年,世界上第一台集红外和可见光图像于一体的非制冷、长波、焦平面的红外热像仪诞生。

红外成像属于技术密集度高、投资强度大、研究周期长、应用前景广泛的高技术产业,其发展方向主要有以下 6 个方面[1]:

(1) 集成化。探测器材料与电路集成,光、机、电集成。

(2) 大阵列。长线列如 6000×1(美国已用于高空预警机),大面阵如 2048×2048(中短波)、640×480(长波)。

(3) 小型化。缩小体积,减轻重量,便于携带。

(4) 多色化。向双色、多光谱发展,包括拓展光谱波段,将光谱波段划分为更细致的波段等。

(5) 高速化。增加探测器单元数量,快速获取目标热图,提高焦平面探测器的帧速和采样频率。

(6) 智能化。在探测器芯片上实现非均匀性校正、图像处理、对背景辐射的自适应探测等。

1.3 红外热像仪的组成及工作原理

在热像仪中具体实现由红外光变为电信号、由电信号变为可见光的转换功能是由热像仪各个部件完成的。热成像系统一般包括四个基本组成部分:光学成像系统(包括扫描系统)、红外探测器及制冷器、电子信息处理系统和显示系统。光学成像系统的作用是将物体发射的红外线会聚到焦面上，扫描器既要实现光学系统大视场与探测器小视场匹配，又要按照显示制式进行扫描，探测器将红外辐射变成电信号，电子处理单元对电信号进行放大和处理，显示器将电信号用可见的图像形式显示出来。

1.3.1 红外热像仪的组成部分

1．光学系统

红外光学系统的作用是收集辐射，将辐射会聚到探测器灵敏面上。光学系统的使用可大大提高灵敏面上的照度，提高仪器性噪比，增大系统探测能力。红外光学系统分为透射式光学系统、反射式光学系统和混合式光学系统[2]。

1）透射式光学系统

透射式红外光学系统也称折射式红外光学系统，它一般由几个透镜或组合透镜构成，每个组合透镜可看做一个光学系统。组合透镜系统由若干个单透镜组成，这种系统能很好地消除像差，获得较好的像质，但总透过率较低。近年来，高透过率红外光学材料的发展为透射式系统的应用创造了条件。在前视红外系统设计中，多半倾向于采用透射系统。

2）反射式光学系统

由于红外辐射波长较长，能透过它的材料很少，因而早期的光学系统大都采用反射式红外光学系统。透镜的通光口径和焦距一定时，反射系统的反射和吸收损失比透射系统的吸收损失小，且造价低廉，但像质比不上透射系统。反射式光学系统按截面形状不同可分为球面形、抛物面形、双曲面形及椭球面形等 4 种。

3）混合式光学系统

混合式光学系统也称折射-反射式光学系统，它结合了反射式和透射式系统的优点，采用球面镜取代非球面镜，同时用补偿透镜来校正球面反射镜的像差，从而获得较好的像质。但这种系统往往体积大，加工困难，成本较高。

2．增透膜

碱金属卤族化合物红外材料折射率大多在 1.5～2.0，其红外透过率较高。而硫族化合物、硅和锗的折射率要高得多，在材料表面会产生高反射损失。为了消除在给定波长上的反射，可在表面镀一层增透膜，其光学厚度等于 1/4 波长，可在一个波带内减小这种反射损失。对于硅、锗和三硫化砷，可在一定波长间隔内将绝对透射率提高一倍[4]。通常对折射系数大于 1.6 的任何透射材料都镀膜。

3. 滤光片

为了避免来自背景、大气和接收器周围环境的干扰辐射，常常要用到滤光片。滤光片分为短波通、长波通和带通三种。短波通滤光片能透过短于某特定截止波长的辐射；长波通滤光片能透过大于某特定截止波长的辐射；带通滤光片只能透过一定波段的辐射。

滤光片按其工作原理可分为两类：吸收滤光片和反射或干涉滤光片。吸收滤光片会吸收不希望透过的波长的辐射。吸收滤光片用得较少，因为它的吸收特性只有在极少情况下符合所希望的光谱特性。然而对长波通和短波通滤光片来说，一般仍用这一类滤光片。干涉滤光片是以程序控制的方法在基片上或直接在透镜以及对辐射敏感的材料上蒸发一层甚至上百层 1/4 波长厚的介电材料而制成的。为了提高反射率要交替使用具有高折射率和低折射率的材料作干涉膜。目前已可做成任意希望的光谱波段滤光片。

4. 红外探测器

1）红外探测器分类

红外探测器是将红外辐射转换为电信号的元件，可分为量子探测器和热电探测器（非量子探测器）两大类。量子探测器吸收红外辐射后，入射光子与探测器材料的电子间直接相互作用，其晶格原子范围内的电子状态发生变化，产生光电效应。热电探测器吸收红外辐射后，引起探测器某一电特性的变化，它不是对光子的响应，而是正比于所吸收的辐射能量。探测器的响应正比于吸收的光子数，因此有量子计数器之称。

（1）量子探测器（光电探测器）。

量子探测器主要利用外光电效应和内光电效应工作。

外光电效应是由某些金属、金属氧化物或半导体材料吸收辐射或吸收光子后发射电子产生的，这种现象统称为光电子发射。这种效应实际上是把光能转变为电能的效应，其前提是吸收的光子能量要大于或等于电子逸出功。电子逸出功是材料的一种特征值。光电管、光电倍增管、光电图像转换器和增强器都是根据这种原理工作的。

内光电效应是指材料吸收辐射后产生准自由电子或者电子-空穴对的现象。它与外光电效应相反，产生的载流子没有离开材料本身，而是留在材料内部并改变材料电子状态。内光电效应又分为光电导效应和光伏效应。当半导体吸收光子后，半导体内有些电子和空穴从原来的不导电束缚状态转变为能导电的自由状态，使它的电导率明显增大，这种现象称为光电导效应。利用半导体光电导效应制成的红外探测器叫做光电导探测器（简称 PC 器件），它是种类最多应用最广泛的一类量子探测器。

光电导探测器又可分为单晶型和多晶薄膜型两类。单晶型光电导探测器分为本征型和掺杂型两类，早期以本征型锑化铟(InSb)为主，能探测 7μm 以下的红外辐射，后来发展了响应长波的本征型碲镉汞(HgCdTe)和碲锡铅(PbSnTe)等探测器。掺杂型主要有适用于 8～14μm 的 Ge∶Hg 及长波限分别在 30μm 处的 Ge∶Cu、21μm 处的 Ge∶Cd 和 7μm 处的 Ge∶Au。多晶薄膜型探测器的种类较少，主要有响应 1～3μm 的硫化铅(PbS)、响应 3～5μm 波段的硒化铅(PbSe)和 PbTe(碲化铅)[8]。

pn 结及其附近吸收光子后产生电子-空穴对，结间的电场使这两类载流子分开，形成光生伏特电压，这就是 pn 结的光伏效应，利用光伏效应制成的红外探测器称为光伏探测器(简称 PV 器件)。光敏电阻、光电二极管和光电池都是根据这种效应制成的。常用的光伏型探测器有砷化铟(InAs)、碲镉汞(HgCdTe)和光伏型锑化铟(InSb)。

除以上三种主要光电效应外，还有其他许多不太重要的效应，如光电磁效应、光子牵引效应、光电晶体管、红外量子计数器、磷光体和红外照相胶片等[9]。

量子探测器的优点：

① 探测器响应度与波长有关，探测器响应是有区间的。例如，锑化铟(InSb)响应区间为 3～5.6μm；碲镉汞(HgCdTe)响应区间为 8～14μm。

② 探测器响应频率快，能分辨高频脉冲(＜1GHz)辐射。

③ 量子效率高，探测器很灵敏。

④ 对长波探测器需要制冷，波长越长，制冷温度越低。开发能在高温下工作的探测器是发展趋势，在灵敏度要求不高时，可采用常温下工作的热探测器。

(2) 热电探测器。

热电探测器利用材料的热效应而制成。某些材料因吸收红外辐射后，其温度发生变化，从而导致材料某些性质的变化[9]。热电探测器有以下几种：

① 热敏电阻红外探测器。它是一种根据物体受热后电阻会发生变化的性质而制成的红外探测器。它是一种无选择探测器，从 X 射线到微波波段都可响应。它的时间常数大，为毫秒级。一些红外测温仪常用此探测器。

② 温差电堆探测器(热电堆探测器)。两种不同的导体以及它们之间的接头所组成的电路中，一个接头受热，回路就会产生电压，这种效应称为温差电效应。利用温差电效应制成的感温元件称为温差电偶(也称热电偶)。器件接头上因吸收辐射而出现温度差时，称该器件为辐射温差电偶。几个热电偶串联，可组成辐射温差热电堆。辐射温差电堆通常的制作方法是在衬底上蒸发一层金属薄膜，然后再蒸发第二种金属，并与第一层金属膜部分重叠，从而形成若干接头。采用蒸发技术制成的热电堆时间常数可达毫秒级。红外测温仪常用此探测器。

③ 测辐射热计。因入射辐射加热而引起电阻变化的热探测器称为测辐射热计，它包括金属(电阻)测辐射热计、热敏电阻测辐射热计、超导测辐射热计、低温(碳)测辐射热计和锗测辐射热计[4]。1982年，人们制造出硅微测辐射热计焦平面阵列[1]。典型的电阻测辐射热计由一对尽可能一样的金属片构成，一个称为作用单元，受入射辐射的照射；另一个称为补偿单元，仔细屏蔽开入射辐射。用这两个单元作为电桥的两个臂，可使探测器温度的缓慢变化不影响到电桥的平衡。

④ 热释电探测器。它是利用某些铁电材料的热释电效应制成的。这些铁电材料吸收红外辐射后，温度升高，表面电荷发生明显变化，从而实现对红外辐射的探测。铁电体有硫酸三甘肽(TGS)等，主要作为电子束扫描型红外热电视的感温元件。

⑤ 焦平面阵列(focal plane array)。为了提高红外系统的作用距离、响应速度及扩大视场和简化光机扫描结构，红外探测器由单元向多元和焦平面阵列方向发展[2]。当焦平面器件的元数足够多、能满足视场等技术要求时，红外系统就不需要光机扫描了，光机扫描由电子扫描代替，这类系统称为红外凝视系统，用于凝视红外系统的器件称为凝视红外焦平面器件。

前面介绍的探测器几乎都可以制作多元和焦平面器件。报道较多的焦平面器件有 PtS、PtSi、InSb、HgCdTe、硅掺杂、超导和热释电等。焦平面阵列包括探测器和焦平面信号处理电路两部分，有混合式、单片式等多种结构。单片式结构是在同一种材料上同时制备光敏元件和信号处理单元。混合式焦平面器件是分别制备红外焦平面阵列和相应的信号处理芯片，然后互相连接而成。焦平面信号读取有用电耦合器件(CCD)、金属氧化物半导体(MOS)器件和电荷注入器件(CID)等三种方式。焦平面器件分制冷型和非制冷型两类。由于制冷型焦平面器件需要复杂的制冷机，热像仪的价格、体积、重量和可靠性都受到限制，因此非制冷焦平面阵列(uncooled focal plane array，UFPA)的研制成为人们关注的焦点。20世纪70年代后期，美国等国家秘密开始研制非制冷红外焦平面探测器，到1992年，美国、英国等国家的非制冷红外焦平面探测器已进入生产。非制冷焦平面探测器的出现，使非制冷热像仪的价格降低到第一代制冷型热像仪的1/10以下，使热像仪在更大规模、更多领域得到应用。非制冷探测器通常由一个二维的热探测像素阵列组成，每个像素包括一个连接到衬底的敏感区，红外辐射照射到一个探测像素上，被敏感区域吸收，引起其温度升高，热量从敏感区流向周围环境。信号处理电路由探测信号多路读出电路、信号时延和积分电路、A/D变换电路、背景消除/抑制、抗模糊、校正非均匀性电路等组成。

2) 红外探测器的性能参数

(1) 响应度$\mathcal{R}$(响应率)。

探测器的输出均方根电压信号 V_s（或均方根电流 I_s）与入射辐射功率均方根值 P 之比，也就是投射到探测器上的单位均方根辐射功率所产生的均方根信号（电压或电流），称为探测器响应度$\mathscr{R}$，单位为 V/W 或 A/W，它表示探测器把红外辐射转换成电信号的能力。$\mathscr{R}_v$为电压响应度，可表示为

$$\mathscr{R}_v = \frac{V_s}{P} \tag{1.1}$$

如果是恒定入射辐射，探测器的输出信号也是恒定的，这时的响应度称为直流响应度。如果入射辐射是交变辐射，那么探测器的输出信号为交变信号，这时的响应度为交流响应度。响应度随调制频率的变化叫做探测器的频率响应。探测器的响应度又可分为黑体响应度和单色响应度两种。通常，探测器的响应度是随光谱变化的。

电阻测辐射热计的响应度[10]为

$$\mathscr{R}_v = \frac{i_b \alpha R \eta \beta}{G(1+\omega^2\tau^2)^{1/2}} \tag{1.2}$$

式中，i_b 为偏置电流；α 为电阻温度系数；η 为辐射吸收因子；G 为探测器与环境之间的热导；ω 为辐射调制频率；τ 为热响应时间。由式(1.2)可知，热探测器的响应度正比于薄膜的电阻温度系数，反比于器件的热导。对于特定的材料其电阻温度系数可改善的幅度很小，提高探测器的响应度的主要途径是降低热导和增大辐射吸收率。

(2) 探测器的响应时间（时间常数）。

探测器响应速度是有限的，为了说明探测器响应速度的快慢，定义一个探测器的响应时间 τ。响应时间的物理意义是，当探测器受辐射照射时，输出信号上升到稳定值的 63%时所需要的时间，表征了探测器对辐射响应的快慢，如图 1.1 所示。热探测器中响应最快的是热敏电阻测辐射热计，它的响应时间大于 10^{-3}s；

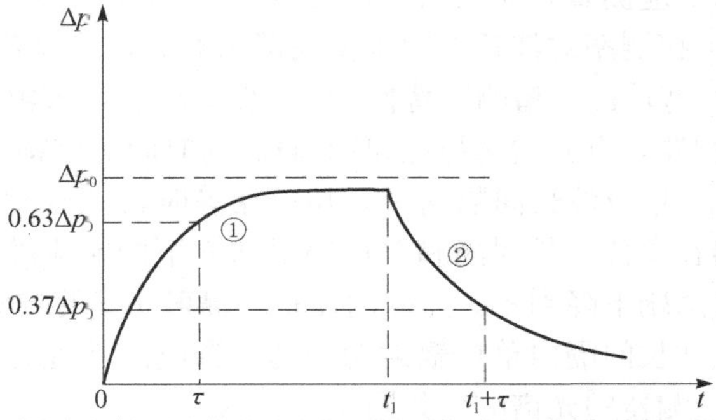

图 1.1　探测器的响应时间[8]

在量子探测器中，光电导探测器的响应时间为 10^{-5} s，光伏探测器的响应时间小于 10^{-6} s。

(3) 噪声等效功率。

当入射到探测器上的辐射产生的信号电压 V_s 正好等于探测器本身的噪声电压值 V_N（即信号噪声比为 1）时，所需投射到探测器上的辐射功率 P 称为探测器噪声等效功率，用 NEP 表示。NEP 的单位为 W，它标志探测器所能探测的最小功率。

$$\text{NEP} = \frac{PV_N}{V_s} = \frac{V_N}{\mathfrak{R}_v} \tag{1.3}$$

(4) 探测率。

取 NEP 的倒数，定义探测率 D，单位为 W^{-1}，它表示每瓦辐射功率所能获得的信号噪声电压比。探测率越大，表明探测器探测能力越强。

$$D = \frac{1}{\text{NEP}} \tag{1.4}$$

大部分探测器噪声等效功率与探测器面积 A 的平方根和带宽 Δf 的平方根成正比，用探测器的面积和带宽的平方根去除以 NEP 得到一个与面积、带宽无关的数值，这个数值的倒数称为归一化探测率或星探测率，用 D^* 表示。

$$D^* = \frac{(A \cdot \Delta f)^{1/2}}{\text{NEP}} = D(A \cdot \Delta f)^{1/2} = \frac{\mathfrak{R}}{V_N}(A \cdot \Delta f)^{1/2} \tag{1.5}$$

D^* 实质上是单位辐射功率辐照在探测器单位面积上在放大器单位带宽条件下所获得的信噪比，单位为 $\text{cm} \cdot \text{Hz}^{1/2}/\text{W}$。探测率也分为黑体探测率和单色探测率两种。

(5) 探测器的光谱响应。

响应度随入射辐射波长的变化称为探测器的光谱响应。光谱响应有绝对光谱响应和相对光谱响应。绝对光谱响应测量需校准辐射能量的绝对值，实现比较困难；相对光谱响应测量只需辐照能量的相对校准，比较容易实现。通常用单色波长的响应度或探测率对波长作图来反映探测器的光谱响应特性。

热探测器具有宽广的光谱响应特性，而且光谱响应比较均匀，但它的时间响应较慢。量子探测器具有光谱选择性，具有较高的时间响应特性。

在理想情况下，单位波长间隔的辐射功率相等时，光子产率与波长成正比。因此，光子探测器在单位波长间隔和单位辐射功率下的响应随波长增加线性上升，达到峰值后又急剧下降到零。热探测器是对辐射功率的响应，而不是对光子产率的响应，单位波长间隔内单位辐射功率的光谱响应特性在理论上与波长无关。常用的红外探测器的光谱响应如图 1.2 所示。

(6) 探测器的工作温度。

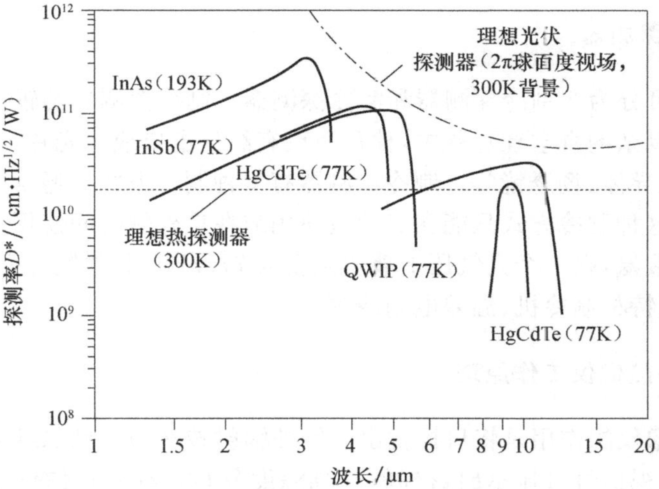

图 1.2　红外探测器的光谱响应[11]

工作温度是探测器的重要工作条件之一。光子探测器通常在几十开尔文的低温下工作，一旦超过这一温度探测器性能迅速下降，因此多数探测器需要制冷。有的探测器可在常温下工作，如光电导探测器和热电探测器。PbS 是常在室温下工作对1～3μm 波段的红外辐射有很高灵敏度的一种光电导探测器，其随着工作温度的降低响应率逐渐增高，在 200K 左右达到最大，如图 1.3 所示。

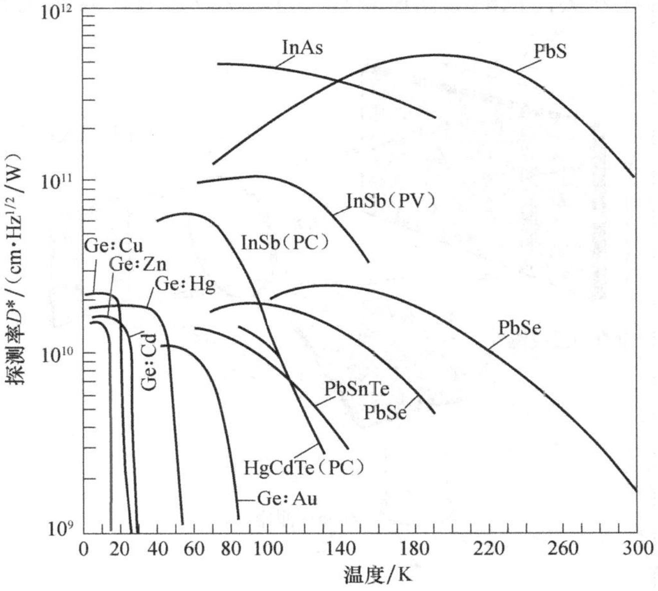

图 1.3　红外探测器探测率与温度的关系[2]

5. 制冷探测器

探测器可分为非制冷探测器和制冷探测器。制冷探测器的辐射敏感元件一般置于一个复杂的真空杜瓦瓶中，杜瓦瓶设有红外窗口或滤光片，还可能包括光学部分，如光导体、场透镜等。制冷探测器有多种制冷方式。通常采用液化气体直接制冷。这种制冷方式只能在实验室使用或在户外短时间使用。常用的制冷液化气体为液氮，在一个大气压下液化温度为 77.3K。其他制冷方式有焦耳-汤姆逊效应、斯特林制冷机、温差电制冷等。

1.3.2　红外热像仪工作原理

红外热像仪的作用是将目标发出的红外辐射转换为可见二维灰度或伪彩色信号，这一可视信号可显示出目标的二维温度分布。红外热像仪主要由光学系统、探测器、制冷系统、信号和图像处理系统、输出接口、控制接口和图像显示器组成。目前，红外热像仪有光机扫描式和凝视型两种。对扫描热像仪，红外热图是随时间一行一行产生的，就像电视图像一样，而凝视型热像仪的图像是同时投影到探测器阵列的像元上的。

1. 制冷型光机扫描热像仪工作原理

光机扫描红外热像仪的工作原理如图 1.4 所示，目标发出的辐射能通过大

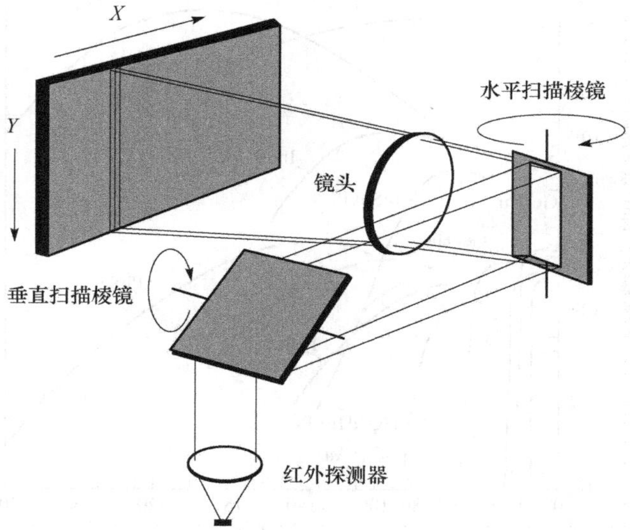

图 1.4　光机扫描红外热像仪的工作原理[12]

气传输到达热像仪的镜头，经过水平扫描棱镜、垂直扫描棱镜，通过聚焦和滤光将辐射能会聚到红外探测器上，探测器将辐射能转换成电信号，经放大的电信号输出到显示器上显示热像[12]。

瑞典 AGEMA 公司生产的 AGA782 型扫描热像仪，其热像系统由扫描器、黑白显示器、彩色转换系统、彩色显示器、数据接口、计算机、彩色打印机和录像机等部分组成。扫描器的配置如图 1.5 所示，由物体发射出的红外辐射经红外接收镜头到达垂直棱镜，垂直棱镜以 180r/min 的速度旋转，由垂直棱镜输出的辐射信号再通过水平棱镜，水平棱镜以 18000r/min 速度旋转。两个棱镜的旋转由两个开缝圆盘控制，两个圆盘分别与相应的棱镜在同一个轴上旋转。旋转开缝圆盘与水平和垂直触发电路相连，提供水平和垂直触发脉冲给监视器。这些脉冲也控制水平和垂直棱镜电动机的速度，同步它们彼此间相对的旋转速度。水平和垂直电动机被同步成下列方式：每四个隔行扫描的半帧产生一个隔行扫描帧，每一个隔行扫描半帧有 100 条水平扫描线。对每一隔行扫描半帧只有 70 线被用作实际图形线，每帧 280 线。由于以每 25 个隔行扫描半帧的速度扫描，每秒可产生 25/4 帧完整的隔行扫描图像。

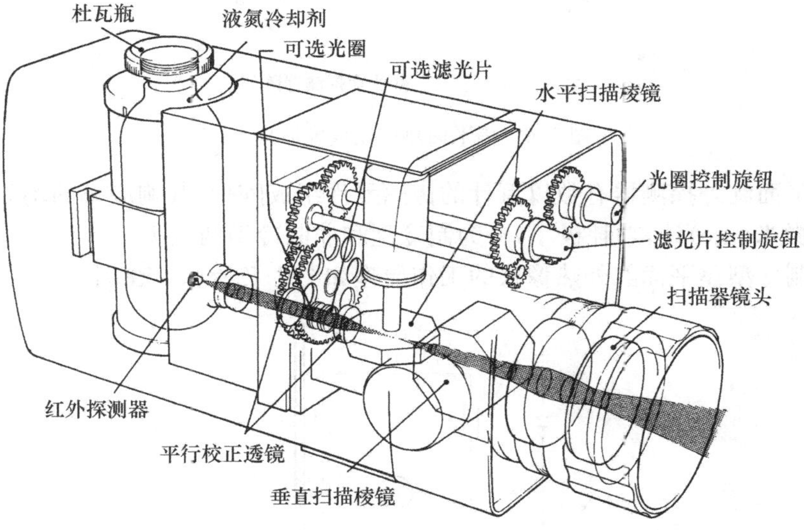

图 1.5　AGA782 型光机扫描红外热像仪配置图

从水平棱镜输出的辐射通过一组中继光学系统(该系统包含一个可选光圈和一个可选滤光片)最后聚焦在一个单点探测器上，它由锑化铟制成，位于杜瓦瓶的壁上。液氮制冷剂使容器保持－196℃的温度。当检测元件接收到光子后，能在短于微秒的时间内产生电子。探测器将接收到的热辐射信号成比例地转换成电信号输出。这一信号被放大并形成一个视频信号，视频信号经连接电缆输送到显示单元。

进入显示器的信号，首先进行放大，然后在显示器的荧光屏上成像，该像是由 8192 个像元组成的。显示器上所成的像可由录像机录到磁带上存储起来，需要时可用录像机回放，使存储在磁带上的热像在显示器上重现。显示器中的热像还可通过数据接口输入计算机进行分析处理。

2. 非制冷焦平面热像仪的工作原理

焦平面热像仪的红外探测器呈二维平面形状，自身具有电子扫描功能，被测目标只需通过简捷的物镜，聚焦成像在红外探测器的阵列平面上，就和照相的原理相似，成像机理可参见图 1.6。

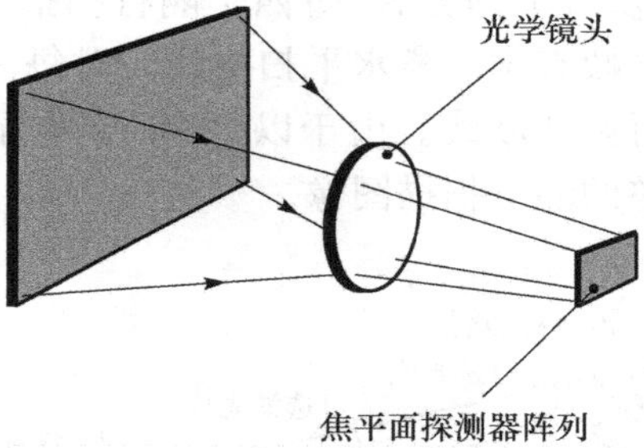

图 1.6　焦平面热像仪成像原理[12]

焦平面红外探测器有数以万计的传感元件组成阵列，其响应率的均匀性好，尺寸以微米(μm)计，功耗极小，分为制冷型和非制冷型两大类。

非制冷型焦平面红外热像仪的工作原理如图 1.7 所示。在图 1.7 所示桥式

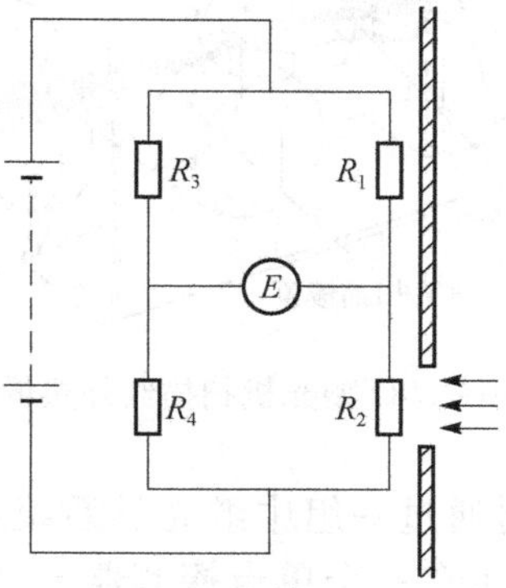

图 1.7　非制冷型热像仪的工作原理

R_1-内置探测器；R_2-工作探测器；R_3、R_4-标准电阻；E-取样电压信号

电路中，R_1 为内置探测器，R_2 为工作探测器，R_3 和 R_4 为平衡电路的标准电阻，E 为取样电压信号。R_1 被屏蔽不露，R_2 暴露在外接收红外辐射。当无外来辐射时，电桥电路保持平衡，则无电压信号输出，此时 $E=0$；当外来辐射照射时，将使 R_2 的温度发生变化，引起电阻阻值随之变化，打破桥式电路的平衡，使信号输出电路的两端产生电压差，则有电压信号输出。

1.3.3　红外热像仪的主要性能参数

衡量红外热像仪综合性能好坏的主要指标是它的温度分辨率和空间分辨率，为了描述这两个综合性能，通常采用噪声等效温差（NETD）、最小可分辨温差（MRTD）、最小可探测温差（MDTD）和瞬时视场（IFOV）等性能指标来表示。热像仪的主要性能参数如下：

1）工作波段

工作波段是指红外热像仪中所选择的红外探测器的响应波长区域，一般是 3～5μm 或 8～13μm。

2）视场

视场（FOV）是光学系统视场角的简称。它表示在光学系统中能够像平面视场光阑内成像的空间范围，即使物体在热像仪中成像的空间最大张角，一般是矩形视场，表示为水平 $\alpha\times$ 垂直 β，单位为度。视场取决于热像仪光学系统的焦距 f，有时也用（f/数）表示，其中的“数”表示光学系统的焦距对通光孔径的倍数。

3）空间分辨率

空间分辨率又称为瞬时视场（IFOV），其大小是反映红外热像仪空间分辨率高低的指标，单位为毫弧度（mrad）。单元探测器尺寸为 $a\times b(\mu m^2)$，水平及俯仰方向的瞬时视场角 α、β 由 a、b 及光学系统焦距 f_0(mm)决定

$$\alpha=\frac{a}{f_0}(\text{mrad}) \tag{1.6}$$

$$\beta=\frac{b}{f_0}(\text{mrad}) \tag{1.7}$$

4）噪声等效温差

噪声等效温差是衡量热像仪温度灵敏度的一个客观指标，一般采用在 30℃ 时的噪声等效温差（NETD@30℃）来表示。其定义为用热像仪观察标准试验图案，图案上的目标与背景之间能使基准化电路输出端产生峰值信号与均方根噪声之比为 1 时的温差。

5）最小可分辨温差

最小可分辨温差是一个作为景物空间频率函数的表征系统受视在信噪比限

制的温度分辨率的度量。当被检测热像仪对准标准的四杆周期调试图形(长宽比为 7∶1 的 4 条条纹)时,在观察者刚好能分辨出四杆图案的情况下,目标与背景之间最低的等效黑体温差。

最小可分辨温差既反映热像仪温度灵敏度,又反映热像仪空间分辨率特性,还包括观察者眼睛工作特性的系统综合性能参数。

6) 最小可探测温差

最小可探测温差仍采用最小可分辨温差的观测方式,由在显示屏上刚好能分辨出目标时所需的目标对背景的温差来定义。但最小可探测温差采用的标准图案是位于均匀背景中的单个方形目标,其尺寸可调,这是对噪声等效温差和最小可分辨温差的标准图案特点的一种综合。

7) 信噪比

如果在电路同一阻抗上测量信号和噪声电压,称其均方电压之比的平方,即二者的功率比为信噪比,它是无量纲的。

8) 相对孔径

光学系统的通光孔径 D_0 与其焦距 f_0 的比值称为相对孔径。相对孔径是光学系统的一个重要指标,热像平面辐照度与相对孔径的平方成正比。

9) 探测器类型

探测器类型是指使用的红外器件类型,如采用硫化铅(PbS)、锑化铟(InSb)、锑镉汞(HgCdTe)等。

10) 帧频

热像仪每秒钟产生完整图像的画面数称为帧频,单位为 Hz。

参考文献

[1] 常本康,蔡毅. 红外成像阵列与系统[M]. 北京:科学出版社,2006.

[2] 吴宗凡,柳美琳,张绍举,等. 红外与微光技术[M]. 北京:国防工业出版社,1998.

[3] 杨宜禾,岳敏,周维真. 红外系统[M]. 第 2 版. 北京:国防工业出版社,1995.

[4] 小哈得逊 R D. 红外系统原理[M].《红外系统原理》翻译组译. 北京:国防工业出版社,1975.

[5] 劳埃德 J M. 热成像系统[M]. 尹白云,戴传衡译. 北京:国防工业出版社,1981.

[6] 田裕鹏. 红外检测与诊断技术[M]. 北京:化学工业出版社,2006.

[7] 斯达尔 K,缪斯卡 G. 红外技术[M]. 石定河,王桂群译. 武汉:华中工学院出版社,1982.

[8] 王义玉. 红外探测器[M]. 北京:兵器工业出版社,1993.

[9] 凯斯 R J. 光探测器与红外探测器[M]. 董培芝等译. 北京:科学出版社,1984.

[10] Kruse P W. Uncooled Thermal Imaging Arrays, Systems, and Applications[M]. Bellingham, Washington: SPIE Press, 2001.

[11] Vollmer M, Mollmann K P. Infrared Thermal Imaging—Fundamental, Research and Applications[M]. Weinheim: Wiley-VCH Verlag GmbH & Co, 2010.
[12] Minkina W, Dudzik S. Infrared Thermography—Errors and Uncertainties[M]. London: John Wiley & Sons, Ltd, 2009.

第 2 章　红外辐射基本理论

2.1　概　　述

1800 年,英国天文学家赫歇尔(Herschel)在寻找新光学介质时意外发现了红外线。他在使用各种不同颜色的镜片样本进行测试时,发现一个有趣的现象:在达到相近亮度减弱效果的前提下,某些样本只通过了阳光很少的热量,而另一些则通过了大量的热量。为了观察光学频谱亮度的热量效应,他用分光棱镜将太阳光分解成从红色到紫色的单色光,依次测量不同颜色光的热效应,发现当用墨水染黑的水银温度计沿着光谱上颜色缓慢移动时,温度计读数从紫端到红端逐渐升高,当把温度计移到红端以外的区域,即人眼看不见有任何光线的黑暗区时,温度反而比红光区域的温度更高。到 1830 年,经大批研究人员的反复实验证明,在红光外侧,确实存在一种人眼看不见的"热线",并存在一个热效应最大的波段,法国物理学家白克兰把这种辐射称为"红外辐射"[1]。

红外线存在于自然界的任何一个角落,一切温度高于绝对零度的物体时时刻刻都在不停地辐射红外线。物质的运动是产生红外线的根源。物质由原子分子组成,由于热的存在,它们按一定的规律不停地运动着,其运动状态也不断地变化,因而不断地发射或吸收辐射能量。这种辐射的本质是热辐射,其大小主要由这个物体的温度和材料本身的性质决定。特别是热辐射的强度及光谱成分取决于辐射物体的温度,也就是说,温度对热辐射现象起着决定性作用。具有一定温度的任何物体都会向周围空间辐射电磁能,虽然辐射的形式各种各样(可见光、X 射线、无线电波),但它们都由带电粒子的能态变化产生;传播过程都遵守麦克斯韦波动方程;以光速传播;并遵守光线传播的所有规律,如反射、折射和衍射定律;其强度与距离的平方成反比,且都称为电磁辐射,它们的区别仅在于波长和发射源不同。所以热辐射在宏观上是连续的电磁波传递能量的过程,而在微观上则是不连续的光子传递能量的过程。物体间相互辐射和相互吸收称为辐射换热。辐射换热不需要互相接触,也不需要介质,并在真空中传递最有效,如太阳辐射。换热过程伴随着能量形式的转换,其中,物体向外辐射时,其内能转换为辐射能;物体吸收辐射能时,其吸收的辐射能转换为内能。

物体辐射投射到某介质表面上时,一部分将被介质吸收,一部分被表面反射,如果介质是部分透明的,还有一部分将从介质中透射过去。我们将被介质吸收、被表面反射和从介质中透射过去的辐射能量与投射能量的比值分别称为吸收率 α、反射率 ρ 和透射率 τ。

通常把电磁辐射按波长或频率的不同划分为许多波段，总称为电磁波谱，如图 2.1 所示。辐射的电磁波波长理论上从 0 到无穷大，红外波段位于电磁波谱中可见光和微波之间，波长范围为 0.76～1000μm。工程上把 0.1～100μm 波段的辐射称为热射线，其中大部分位于红外区（0.76～20μm），可见光所占份额不大。

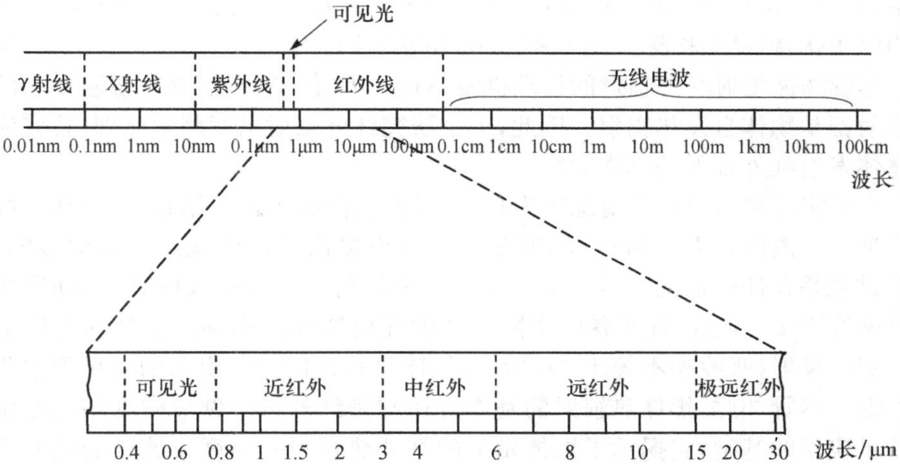

图 2.1　电磁波的频谱

通常把红外波段分为近红外（0.76～3μm）、中红外（3～6μm）、远红外（6～15μm）和极远红外（15～1000μm）四部分。红外波段的前三部分各包含一个大气窗口，分别为 2～2.5μm、3～5μm、8～12μm。在大气窗口内，大气对红外线的吸收较少，因此大多数红外系统都选用这些波段[2]。

热辐射也具有电磁波的共同特征：都以横波的形式在空间传播，并且在真空中都有相同的传播速度

$$c = \lambda\nu \approx 3 \times 10^8 \mathrm{m/s} \tag{2.1}$$

式中，λ 为波长（m）；ν 为频率（Hz）。

在介质中，同样频率的电磁波的传播速度为

$$c' = \lambda'\nu \approx 3 \times 10^8 \mathrm{m/s} \tag{2.2}$$

由式（2.1）和式（2.2）可得

$$\lambda = \frac{c}{c'}\lambda' = n\lambda' \tag{2.3}$$

式中，$n=c/c'$称为介质对真空的折射率。式(2.3)表明对相同频率的电磁波，在介质中传播波长是真空中波长的$1/n$。

由于电磁波具有波粒二象性，电磁波还以光子的形式存在，一个光子具有的能量为

$$\varepsilon = h\nu \tag{2.4}$$

式中，$h=(6.626176\pm0.000036)\times10^{-34}\text{J}\cdot\text{s}$，称为普朗克常量。光子的能量还可用电子伏特(eV)来表示，$1\text{eV}=1.6021892\times10^{-19}\text{J}$。

尽管物体发射红外辐射的物理机制不止一种，但是，自然界中普遍存在的红外辐射源是物体自发热辐射。因此，为了研究红外辐射温度测量原理，首先应掌握物体发射红外辐射的基本规律。

由于实际物体辐射的情况较为复杂，研究它们的辐射规律时，首先从一种简单模型——黑体入手。1860 年，基尔霍夫首先提出黑体的概念。所谓黑体，简单来讲就是在任何情况下对一切波长的入射辐射都全部吸收的物体，即黑体的吸收率等于 1。显然，自然界中实际存在的任何物体对不同波长的入射辐射都有一定的反射(吸收率不等于 1)，所以，黑体只是人们抽象出来的一种理想化物体模型。尽管如此，黑体热辐射的基本规律却是红外科学领域中许多理论研究和技术应用的基础，它揭示了黑体发射的红外热辐射随温度及波长变化的定量关系。黑体是波谱中能量分布完全确定的标准物体[1]。具体讲，与黑体有关的辐射定律可以概括为三个基本定律，即普朗克(Planck)定律、维恩(Wien)位移定律、斯特藩-玻尔兹曼(Stefan-Boltzmann)定律。

2.2　黑体的红外辐射规律

2.2.1　辐射的光谱分布规律——普朗克辐射定律

1900 年，德国科学家普朗克根据量子理论提出一个绝对温度为 T(K)的黑体，单位表面积在波长 λ 附近单位波长间隔内向整个半球空间发射的辐射功率(称为光谱辐射出射度，简称光谱辐出度)$M_{b\lambda}(T)$，与波长 λ、温度 T 满足下列关系：

$$M_{b\lambda}(T) = \frac{2\pi hc^2}{\lambda^5}\frac{1}{\exp\left(\frac{hc}{\lambda kT}\right)-1} = C_1\lambda^{-5}\left[\exp\left(\frac{C_2}{\lambda T}\right)-1\right]^{-1} \tag{2.5}$$

式中，c 为真空中的光速，$c=3\times10^8\text{m/s}$；h 为普朗克常量，$h=6.6256\times10^{-34}\text{J}\cdot\text{s}$；$k$ 为玻尔兹曼常量，$k=1.38054\times10^{-23}\text{J/K}$；$C_1$ 为第一辐射常量，$C_1=2\pi hc^2=$

$3.7415\times10^8 W\cdot\mu m^4/m^2$；$C_2$ 为第二辐射常量，$C_2=hc/k=1.43879\times10^4\mu m\cdot K$。

式(2.5)就是黑体辐射的普朗克辐射定律，它给出了黑体在温度 T(K)时的辐射光谱分布特征。如果将不同的温度值代入式(2.5)，则可计算出黑体在不同温度下发射辐射的光谱分布曲线，如图 2.2 所示(图中虚线表示 $M_{b\lambda}(T)$ 极大值的位置)。从图中曲线可以看出，黑体辐射具有以下几个特征：

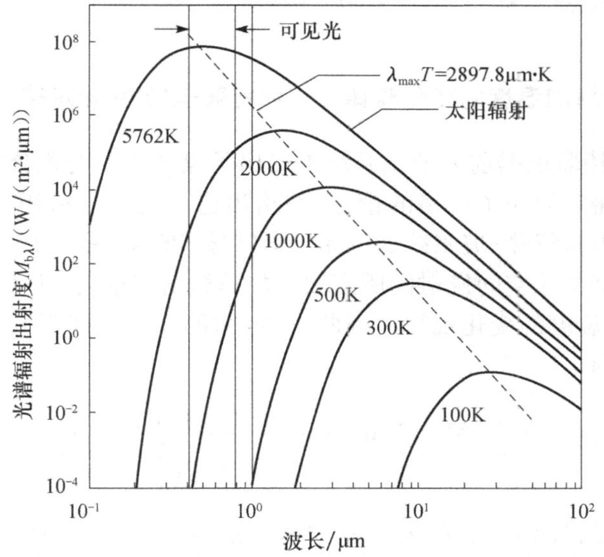

图 2.2　不同温度下黑体光谱辐射出射度

(1) 在任何温度下，黑体的光谱辐射出射度 $M_{b\lambda}(T)$ 都随波长连续变化，每条曲线只有一个极大值。

(2) 随着温度升高，与光谱辐射出射度 $M_{b\lambda}(T)$ 极大值对应的波长减小。这表明随着温度升高，黑体辐射中的短波长辐射所占比例增加。

(3) 随着温度升高，黑体辐射曲线全面提高，即在任一指定波长 λ 处，与较高温度对应的光谱辐射出射度 $M_{b\lambda}(T)$ 也较大。由于每种波长的辐射都随温度升高而增加，代表黑体单位表面积发射所有波长的全部辐射功率曲线下包围的面积也随着温度升高而迅速增加。

黑体辐射的上述特征与规律，还可以用如下两个辐射定律给出定量描述。

2.2.2　辐射光谱的移动规律——维恩位移定律

1893 年，德国物理学家韦尔海姆·维恩确定了黑体光谱辐射出射度极大值相对应的波长 λ_m(俗称峰值辐射波长)与其绝对温度成反比

$$\lambda_m T = 2897.8\mu\text{m} \cdot \text{K} \tag{2.6}$$

该关系式称为维恩位移定律。他提出了满足短波段的黑体辐射光谱分布关系。1911 年,维恩因在热辐射理论方面的贡献荣获诺贝尔奖。维恩位移定律可由普朗克辐射定律式(2.5)对波长 λ 求微商,并令其等于零求得。按此定律不难确定:在环境温度 27℃($T=273+27=300$K)下,物体的峰值辐射波长 λ_m 为 9.66μm,而对温度较高的物体表面温度为 200℃($T=473$K)时,峰值辐射波长降为 6.126μm。

2.2.3 辐射功率随温度的变化规律——斯特藩-玻尔兹曼定律

1879 年斯特藩根据前人的试验结果提出了黑体辐射的积分定律,1884 年玻尔兹曼对斯特藩定律作了严格的论证,并指出这一定律仅适用于黑体。后来人们将该定律称为斯特藩-玻尔兹曼定律。斯特藩-玻尔兹曼定律描述的是黑体单位表面积向整个半球空间发射的所有波长的总辐射出射度 $M_{b\lambda}(T)$(简称为全辐射出射度)随其温度的变化规律。因此,该定律的数学表述形式还可由式(2.5)对波长积分得到

$$M_b(T) = \int_0^\infty M_{b\lambda}(T)\mathrm{d}\lambda = \int_0^\infty \frac{C_1 \mathrm{d}\lambda}{\lambda^5\left[\exp\left(\frac{C_2}{\lambda T}\right)-1\right]} = \sigma T^4 \tag{2.7}$$

式中,$\sigma = \pi^4 C_1/(15C_2^4) = 5.6697\times10^{-8}\,\text{W}/(\text{m}^2\cdot\text{K}^4)$称为斯特藩-玻尔兹曼常数。以式(2.7)形式给出的斯特藩-玻尔兹曼定律表明,凡是温度高于零开尔文(−273.15℃)的物体,都会自发地向外发射红外热辐射,而且,黑体单位表面积发射的总辐射出射度与其开氏温度的 4 次方成正比,也称为黑体辐射的 4 次方定律。因此,正如图 2.2 中曲线下包围的面积随温度的变化所示,当温度有较小变化时,将会引起物体发射的辐射出射度有很大变化。

2.2.4 黑体辐射能按波段的分布

由于红外热像仪是工作在某一特定的波段,为了确定在某一波段范围内的黑体辐射能,可对黑体光谱辐射出射度在一定波段内积分,即

$$M_{b(\lambda_1\sim\lambda_2)} = \int_{\lambda_1}^{\lambda_2} \frac{C_1\lambda^{-5}}{e^{C_2/(\lambda T)}-1}\mathrm{d}\lambda \tag{2.8}$$

如在近环境温度条件下对黑体辐射能在 2～5μm 和 8～13μm 积分,可得黑体波段辐射出射度随温度的变化规律,如图 2.3 所示。

$$M_{b(\lambda_1\sim\lambda_2)}(T) \approx CT^n \tag{2.9}$$

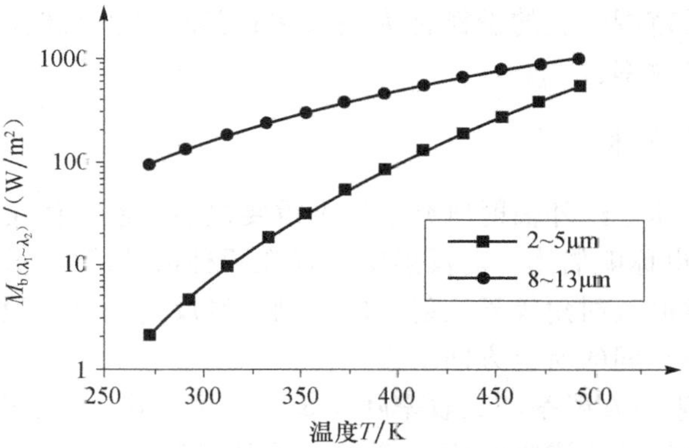

图 2.3　2～5μm 和 8～13μm 波段的黑体辐射能随温度的变化关系

其中，在 2～5μm 波段，$n=9.2554$；在 8～13μm 波段，$n=3.9889$。由此可知，黑体的波段辐射出射度随温度的变化不遵守 4 次方的关系，随波段的不同辐射能随温度变化的关系是不同的。当红外热像仪工作在长波段时，辐射能随温度的变化近似满足 4 次方关系。

2.3　实际物体的红外辐射规律

从前面的讨论看出，黑体光谱辐射的强弱只与温度及波长有关，与构成黑体的材料无关，然而实际物体（如金属表面）则有所不同。理论和实验均可证明，所有实际物体发射或吸收辐射的量值都低于在相同条件下黑体的相应辐射量值。实际物体辐射量除依赖于温度和波长以外，还与构成该物体材料性质及表面状态等因素有关。但是，只要引入一个随材料性质及表面状态变化的辐射系数，则可把黑体辐射的三个基本定律应用于实际物体，从而使得对实际物体辐射规律的研究大大简化。这里所说的辐射系数称为发射率，并定义为实际物体与同温度黑体辐射性能之比，常称为黑度（发射率）。根据这个定义和式(2.5)、式(2.7)，可以把实际物体的辐射规律分别表示为如下形式：

$$M_\lambda(T)=\varepsilon(\lambda,T)M_{\lambda b}(T)=\varepsilon(\lambda,T)C_1\lambda^{-5}\left[\exp\left(\frac{C_2}{\lambda T}\right)-1\right]^{-1} \tag{2.10}$$

$$M(T)=\varepsilon(T)M_b(T)=\varepsilon(T)\sigma T^4 \tag{2.11}$$

式中，$M_\lambda(T)$和$M(T)$分别为实际物体在T(K)温度下的光谱辐射度和全辐射度；$\varepsilon(\lambda,T)$和$\varepsilon(T)$分别为该物体在T(K)时的光谱发射率和全发射率。

不仅实际物体发射率与黑体不同，实际物体的吸收特性也与黑体不同。实际物体对投射辐射的吸收能力与投射辐射的波长分布有关。实际物体表面对投射辐射在全波长范围吸收的份额称为吸收率；对某一特定波长投射辐射吸收的份额称为光谱吸收率。

1. 漫射体和灰体

漫射体和灰体是红外辐射研究中两个重要模型。漫射体是指辐射特性与方向无关的物体，也称朗伯体。对反射辐射存在两种极端情况，分别是镜反射和漫反射。镜反射遵循入射角等于反射角的规则。漫反射则是将投射辐射以均匀的强度反射到半球空间的所有方向上去。

通常，根据光谱发射率和吸收率随波长的变化形式，可把实际物体分为两大类。如果某一物体的光谱吸收率 α_λ 是一个不随投射辐射波长而变化的常数，与吸收率 α 相等，则这种物体称为灰体[3]；而光谱发射率随波长变化的物体称为选择性辐射体。图 2.4 给出了灰体和选择性辐射体的辐射特性及其与同温度黑体

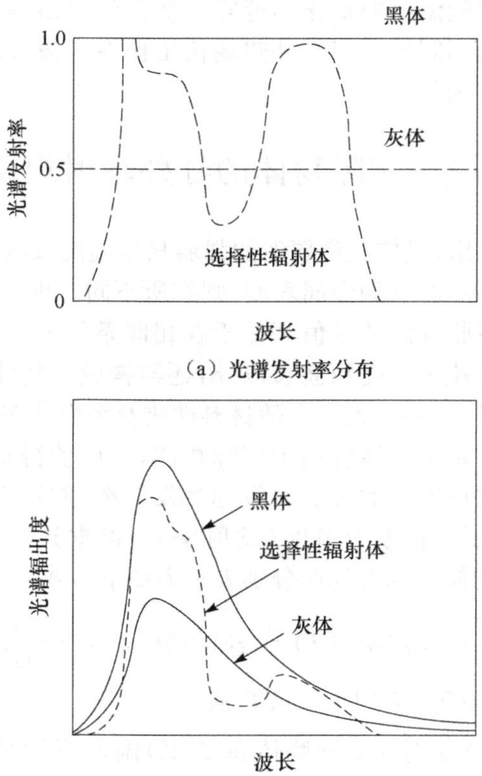

（a）光谱发射率分布

（b）光谱辐出度分布

图 2.4　灰体和选择性辐射体辐射特性的比较

辐射的比较示意图。由该图可知，黑体辐射的光谱分布曲线是各种实际物体在同温度下辐射曲线的包络线。即在同样温度下，无论是总量，还是在某光谱区内的辐射量，均以黑体辐射量为最大。虽然灰体与黑体有形式类似的辐射曲线，但因灰体发射率是小于 1 的常数，所以总在黑体辐射曲线以下。选择性辐射体的光谱辐射曲线在不同波长处可以有几个最大或最小值，但其极大值不会超过（最多等于）黑体辐射定律规定的极限，即不会高于黑体辐射曲线。

如同黑体一样，灰体也是一种理想模型，但在工业高温条件下，多数材料的热辐射主要处于红外范围内。在该范围内材料 α_λ 的值随 λ 变化不大，因此允许把工程材料作为灰体处理[3]。如果热辐射中可见光所占的份额较大，再把材料作为灰体处理则会导致很大误差，太阳辐射即为一例。太阳辐射的射线有 40% 左右在可见光范围内。由于各种颜色的表面对可见光的吸收具有强烈的选择性，亦即 α_λ 随 λ 的变化很大。所以，在计算时，对于工业高温下的一般工程材料，可取 $\alpha=\varepsilon$，而对于太阳辐射来说，则 $\alpha\neq\varepsilon$。例如，白色的纸对于太阳辐射的吸收率 α 仅为 0.27，而其黑度 ε 高达 0.95。

应该指出，由式(2.10)和式(2.11)给出的实际物体辐射规律，只能分别表征物体单位表面积向半球空间发射辐射功率的光谱分布和强弱，并非物体实际发射的总辐射功率。与式(2.8)和式(2.9)给出的同样物体在同样温度下相比较，当看作黑体和 $\varepsilon=0.8$ 的灰体时，单位表面积发射的辐射功率有相当大的差别。如果考虑物体表面向空间发射的总辐射功率，则还应该对辐射表面积 A 积分。例如，对于物体在检测仪器响应光谱区间 $\lambda_1\sim\lambda_2$ 范围内发射的辐射功率 $P_{\lambda_1\sim\lambda_2}$，应该是式(2.10)对波长 λ 和辐射表面积的积分

$$P_{\lambda_1\sim\lambda_2}(T)=\int_A \mathrm{d}A\int_{\lambda_1}^{\lambda_2} M_\lambda(T)\,\mathrm{d}\lambda=\int_A \mathrm{d}A\int_{\lambda_1}^{\lambda_2}\varepsilon(\lambda,T)\,\frac{C_1}{\lambda^5}\,\frac{\mathrm{d}\lambda}{\exp[C_2/(\lambda T)]-1} \tag{2.12}$$

如果考虑所有波长的总辐射功率，则利用式(2.7)、式(2.10)和式(2.11)，应该有

$$P(T)=\int_A \mathrm{d}A\int_0^{\infty} M_\lambda(T)\,\mathrm{d}\lambda=\int_A M(T)\,\mathrm{d}A=\varepsilon(T)A\sigma T^4 \tag{2.13}$$

2. 基尔霍夫定律

1859 年，基尔霍夫(Kirchhoff)揭示了与周围环境（当作黑体）处于热平衡状态下实际物体发射率与吸收率之间的关系。

当系统处于热平衡状态时，物体吸收周围环境的能量等于其辐射出的能量，即

$$M = aM_b$$

或

$$a=\frac{M}{M_b}=\varepsilon \tag{2.14}$$

对某一特定波长，同样可给出

$$\varepsilon_\lambda = a_\lambda \tag{2.15}$$

它说明在由实际物体和黑体构成的系统中，在处于热平衡状态时实际物体吸收率等于其发射率，这就是基尔霍夫定律。由该定律可知，物体的辐出度越大，其吸收率也越大。这说明，善于发射的物体必善于吸收。对实际物体，其吸收率 a 始终小于 1，所以同温度下的黑体辐出度必为最大。

实验证明，表面的定向光谱辐射率与定向光谱吸收率均为物体表面的辐射特性，它们仅取决于自身的温度。对非热平衡关系，它们仍然成立[4]。

$$\varepsilon_\lambda(\lambda,T,\theta,\varphi) = a_\lambda(\lambda,T,\theta,\varphi) \tag{2.16}$$

对平均参数的发射率与吸收率的关系，在确定了特定的条件后，就不再需要热力学平衡和黑体辐射源的假设。对以下几种表面，存在如下关系：

对于漫射表面

$$\varepsilon_\lambda = a_\lambda \tag{2.17}$$

对于灰体表面

$$\varepsilon_\theta = a_\theta \tag{2.18}$$

对于漫灰体表面

$$\varepsilon = a \tag{2.19}$$

2.4 辐射度学的一些基本概念

本节着重介绍辐射度学的一些基本概念[2,5]，这些概念将在以后的章节中见到。首先介绍立体角的概念。

在三维空间中通常用微元立体角来表示某一方向的空间所占的大小，定义为

$$\mathrm{d}\Omega = \frac{\mathrm{d}A}{r^2} \tag{2.20}$$

式中，$\mathrm{d}A$ 为球面上的微元面积；r 为球的半径。立体角的单位为球面度，用 sr 表示。半球面对球心所张的立体角为 2π(sr)。

对于图 2.5，由几何关系有

$$d\Omega = \frac{dA}{r^2} = \frac{r d\theta r \sin\theta d\varphi}{r^2} = \sin\theta d\theta d\varphi \tag{2.21}$$

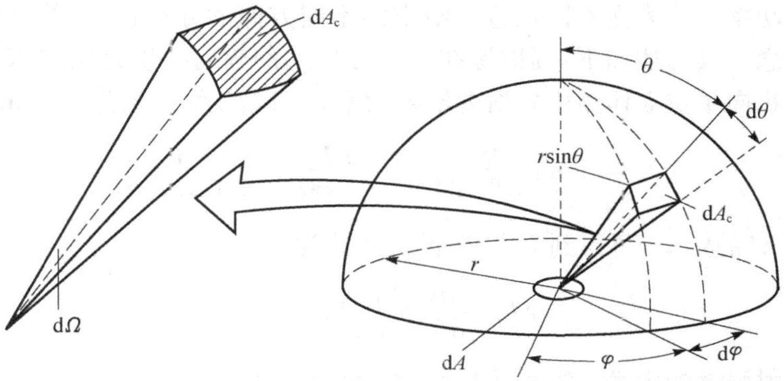

图 2.5　微元立体角与半球空间几何参数的关系

2.4.1　常用辐射量

1. 辐射强度

辐射强度是描述点辐射源特性的辐射量。辐射源在某一方向的辐射强度是指辐射源在包含该方向的单位立体角内所发出的辐射功率,用 I 表示,单位为 W/sr。

$$I = \lim_{\Delta\Omega \to 0}\left(\frac{\Delta P}{\Delta\Omega}\right) = \frac{\partial P}{\partial\Omega} \tag{2.22}$$

辐射强度是点辐射源所发射的辐射功率在空间分布特性的描述。

2. 辐射出射度

辐射出射度简称辐出度,是描述扩展源辐射特性的量。辐射源单位表面积向半球空间内发射的辐射功率称为辐射出射度,用 M 表示,单位为 W/m^2。

$$M = \lim_{\Delta A \to 0}\left(\frac{\Delta P}{\Delta A}\right) = \frac{\partial P}{\partial A} \tag{2.23}$$

辐射出射度是扩展源所发射的辐射功率在源表面分布特性的描述。

辐射表面总辐射功率就是辐射出射度 M 对源发射表面积 A 的积分,即

$$P = \int_A M dA \tag{2.24}$$

3. 辐射亮度

辐射亮度简称辐亮度，是描述扩展源辐射特性的量。为了描述扩展源所发射的辐射功率在源表面不同位置上沿空间不同方向的分布特性，特别引入辐射亮度的概念。其描述如下：辐射源在某一方向上的辐射亮度是指在该方向上单位投影面积向单位立体角中发射的辐射功率，用 L 表示，单位为 $W/(m^2 \cdot sr)$。

$$L = \lim_{\substack{\Delta A \to 0 \\ \Delta\Omega \to 0}} \left(\frac{\Delta^2 P}{\Delta A_\theta \Delta\Omega} \right) = \frac{\partial^2 P}{\partial A_\theta \partial\Omega} = \frac{\partial^2 P}{\partial A \partial\Omega \cos\theta} \tag{2.25}$$

根据 M 的定义，可得到 L 与 M 的关系式为

$$M = \frac{dP}{dA} = \int_{2\pi} L\cos\theta d\Omega \tag{2.26}$$

由辐射强度的定义可得到 I 与 L 的关系式为

$$I = \int_A L\cos\theta dA \tag{2.27}$$

4. 辐射照度

被照表面单位面积上接收到的辐射功率称为该被照射处的辐射照度，辐射照度简称为辐照度，用 E 表示，单位为 W/m^2。

$$E = \lim_{\Delta A \to 0} \left(\frac{\Delta P}{\Delta A} \right) = \frac{\partial P}{\partial A} \tag{2.28}$$

5. 点源产生的辐射照度

设点源的辐射强度为 I，它与被照面上 x 点处面积元 dA 的距离为 l，dA 的法线与 l 的夹角为 θ，则投射到 dA 上的辐射功率为 $dP = Id\Omega = IdA\cos\theta/l^2$，所以点源在被照面上 x 处产生的辐射照度为

$$E = \frac{dP}{dA} = \frac{I\cos\theta}{l^2} \tag{2.29}$$

6. 小面源产生的辐射照度

设小面源的面积为 ΔA_s，辐射亮度为 L，被照面面积为 ΔA，ΔA_s 与 ΔA 相距 l，ΔA_s 与 ΔA 的法线与 l 的夹角分别为 θ_s 和 θ。小面源 ΔA_s 的辐射强度为

$$I = L\cos\theta_s \Delta A_s \tag{2.30}$$

小面源产生的辐射照度为

$$E = \frac{I\cos\theta}{l^2} = L\Delta A_s \frac{\cos\theta_s \cos\theta}{l^2} \tag{2.31}$$

7. 辐射对比度

当用红外热像仪测量表面温度与背景温度很接近的目标时，分辨目标与背景十分困难。为了描述目标与背景辐射的差别，引入辐射对比度的概念。

辐射对比度定义为目标与背景辐射出射度之差与背景辐射出射度之比，即

$$C = \frac{M_T - M_B}{M_B} \tag{2.32}$$

式中，M_T 为目标在 $\lambda_1 \sim \lambda_2$ 波长间隔的辐射出射度；M_B 为背景在 $\lambda_1 \sim \lambda_2$ 波长间隔的辐射出射度。

2.4.2　辐射度量中的基本规律

1. 辐射的空间分布规律——朗伯余弦定律

朗伯(Lambert)定律给出了漫射物体辐射能按空间方向的分布规律。

实验测定表明，对理想的漫射体(或反射体)在任意方向上的辐射强度与观测方向相对于辐射表面法线夹角的余弦成正比。这个规律就称为朗伯余弦定律(或兰伯特余弦定律)。

$$I_\theta = I_0 \cos\theta \tag{2.33}$$

式中，I_θ 为在与辐射表面法线夹角为 θ 方向上的辐射强度；I_0 是在辐射表面法线方向($\theta=0$)的辐射强度。凡遵守朗伯余弦定律的辐射表面称为朗伯面，相应的辐射源称为朗伯源或漫射源。

由朗伯辐射源的特性可知，朗伯辐射源的辐射亮度是一个与方向无关的常量。对朗伯辐射源，L 与 Ω 无关，由式(2.26)可知

$$M = \int_{2\pi} L\cos\theta \mathrm{d}\Omega = L\int_{2\pi} \cos\theta \mathrm{d}\Omega$$

由球坐标的立体角元 $\mathrm{d}\Omega = \sin\theta \mathrm{d}\theta \mathrm{d}\varphi$，有

$$M = L\int_{2\pi} \cos\theta \mathrm{d}\Omega = L\int_0^{2\pi} \mathrm{d}\varphi \int_0^{\frac{\pi}{2}} \cos\theta \sin\theta \mathrm{d}\theta = \pi L \tag{2.34}$$

对于辐射面积很小的黑体而言，在法线方向的辐射强度可表示为[2]

$$I_0 = \frac{1}{\pi} M_b(\lambda) \Delta A \tag{2.35}$$

式中，ΔA 为黑体辐射源辐射面积。

于是，将式(2.7)和式(2.35)代入式(2.33)后得到

$$I_\theta = I_0\cos\theta = \frac{1}{\pi}M_b(T)\Delta A\cos\theta = \frac{1}{\pi}\sigma T^4\Delta A\cos\theta \tag{2.36}$$

这个结果表明，黑体或漫辐射物体在辐射表面法线方向的辐射最强。因此，在进行红外测量时应尽可能选择在被测表面法线方向进行，如果在与法线成 θ 角方向检测，则接收到的红外辐射信号将减弱成法线方向最大值的 $\cos\theta$ 倍。从式(2.36)可看出，信号减弱是辐射表面积 ΔA 的投影面积 $\Delta A\cos\theta$ 减小引起的。

2. 距离平方反比定律

如式(2.29)所示，在不考虑辐射传输损失时，点源产生的辐照度与距离平方成反比。其原因是：尽管点源辐射强度不变，但点源对系统所张立体角随距离增加而减小。当辐射源未充满测量系统的瞬时视场时，系统测得的辐射数据与距离等测量条件有关，不能反映辐射源的真实情况。

2.4.3 发射率及其变化规律

1. 发射率的定义

如 2.3 节所介绍，所谓物体发射率是指该物体在指定温度 T 时辐射量与同温度黑体辐射量的比值。很明显，此比值越大，表明该物体辐射与黑体辐射越接近。发射率有以下三种定义方法。

1) 方向(总)发射率

发射率中最基本的是方向光谱发射率，定义为温度为 T_A 的实际物体每单位时间内在(θ,φ)方向的光谱辐射出射度与同温度下黑体光谱辐射出射度之比，称为方向光谱发射率。

方向光谱发射率表达式为

$$\varepsilon(\lambda,\theta,\varphi,T_A) = \frac{M_\lambda(\lambda,\theta,\varphi,T_A)}{M_{b\lambda}(\lambda,\theta,T_A)} \tag{2.37}$$

这是最基本的发射率，它与波长、方向和表面温度都有关。

对所有波长取平均，可得物体每单位时间内在(θ,φ)方向的辐射出射度与同温度下黑体辐射出射度之比称为方向(总)发射率。方向(总)发射率也叫做角比发射率或定向辐射本领，它是在与辐射表面法线成 θ 角的立体角内测量的发射率。θ 角为零的情况叫做法向发射率，用 ε_n 表示。

方向(总)发射率定义为

$$\varepsilon(\theta,\varphi,T_A) = \frac{M_\lambda(\theta,\varphi,T_A)}{M_{b\lambda}(\theta,T_A)} \tag{2.38}$$

式中，$M(\theta,\varphi,T_A)$是实际物体温度为 T_A 时在(θ,φ)方向的全辐射出射度；$M_b(\theta,\varphi,T_A)$是同温度下黑体在(θ,φ)方向的全辐射出射度。

2）半球发射率

对所有方向取平均，可得辐射体辐射出射度与同温度下黑体的辐射出射度之比，称为半球发射率。

半球光谱发射率定义为

$$\varepsilon_\lambda(\lambda,T_A)=\frac{M(\lambda,T_A)}{M_b(\lambda,T_A)}=\frac{1}{\pi}\int_\Omega \varepsilon_\lambda(\lambda,\theta,\varphi,T_A)\cos\theta \mathrm{d}\Omega \tag{2.39}$$

式中，$M(\lambda,T_A)$是实际物体在温度 T_A 时的光谱辐射出射度；$M_b(\lambda,T_A)$是同温度下黑体的光谱辐射出射度。

半球总发射率定义为

$$\varepsilon_h(T_A)=\frac{M(T_A)}{M_b(T_A)}=\frac{1}{\pi}\int_\Omega \varepsilon_\lambda(\theta,\varphi,T_A)\cos\theta \mathrm{d}\Omega \tag{2.40}$$

式中，$M(T_A)$是实际物体在温度 T_A 时的全辐射出射度；$M_b(T_A)$是同温度下黑体的全辐射出射度。

3）光谱发射率

实际物体的光谱发射率表明了物体发射率随波长的变化关系，它是实际物体光谱辐射出射度与同温度下黑体同一波长下光谱辐射出射度之比。

$$\varepsilon_\lambda=\frac{M_\lambda}{M_{b\lambda}} \tag{2.41}$$

显然，光谱发射率与实际物体发射率之间的关系为

$$\varepsilon(T_A)=\frac{M}{M_b}=\frac{\int_0^\infty \varepsilon(\lambda,T_A)M_{b\lambda}\mathrm{d}\lambda}{\sigma T^4} \tag{2.42}$$

2. 物体发射率的一般变化规律

物体的发射率取决于物质种类、波长、表面温度和表面状况。通常实际材料表面的光谱发射率随波长的变化比较大，并且不规则。

实际物体也不是理想的漫射表面。它们一般并不严格遵守朗伯余弦定律，它们的辐射亮度在空间的不同方向上不等于常数。与漫射面相比，实际物体辐射在方向上的偏差可分为两类：金属导体和非导电体。各类金属在法线方向±(40°～50°)范围内，基本遵守朗伯余弦定律，即表现为等辐射出射度，发射率为常数。一旦超出此范围，定向发射率就快速增加，但最后仍衰减至零，如图 2.6 所示。非导电体材料则有所不同，在发线方向±(60°～70°)范围内，定向

发射率为恒定值，一旦超过 70°以后，定向发射率便急速减小直至零，如图 2.7 所示[3]。

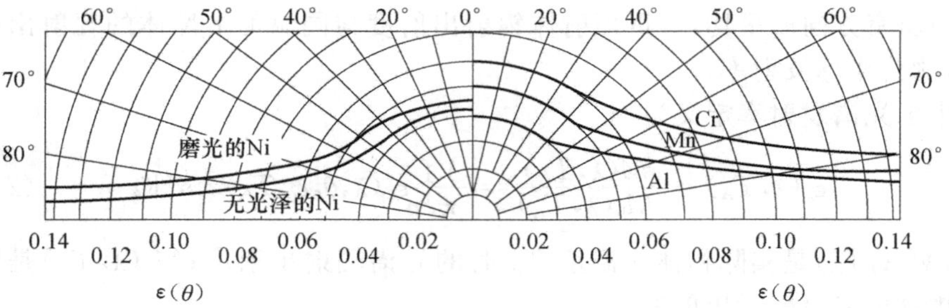

图 2.6　几种金属导体在不同方向上的定向发射率 $\varepsilon(\theta)$（t=150℃）

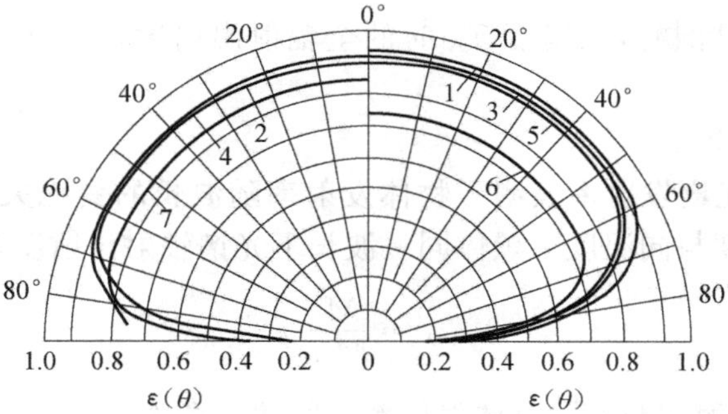

图 2.7　几种非导电体材料在不同方向上的定向发射率 $\varepsilon(\theta)$（t=0～93.3℃）

1-潮湿的冰；2-木材；3-玻璃；4-纸；5-黏土；6-氧化铜；7-氧化铝

物体发射率的一般变化规律如下：

(1) 对于朗伯辐射体，法向发射率 ε_n、方向发射率 $\varepsilon(\theta)$ 和半球发射率 ε_h 彼此相等。对绝大多数实际工程材料来说，半球发射率与法向发射率可近似认为相等 $\varepsilon_h \approx \varepsilon_n$。

(2) 金属发射率是比较低的。通常，它随温度的升高而增大，随波长的增加而减小，并且当表面形成氧化层时，可以成 10 倍或更大倍数地增大，如图 2.8 和图 2.9 所示[6]。

(3) 非金属的发射率要高些，一般大于 0.8，并随温度的升高而降低。例如，电缆绝缘所用的橡胶在常温下的发射率为 0.95，植物叶子、人的皮肤、各种皮毛在环境温度下都有很高的发射率，甚至可看作接近黑体的辐射表面[3]。

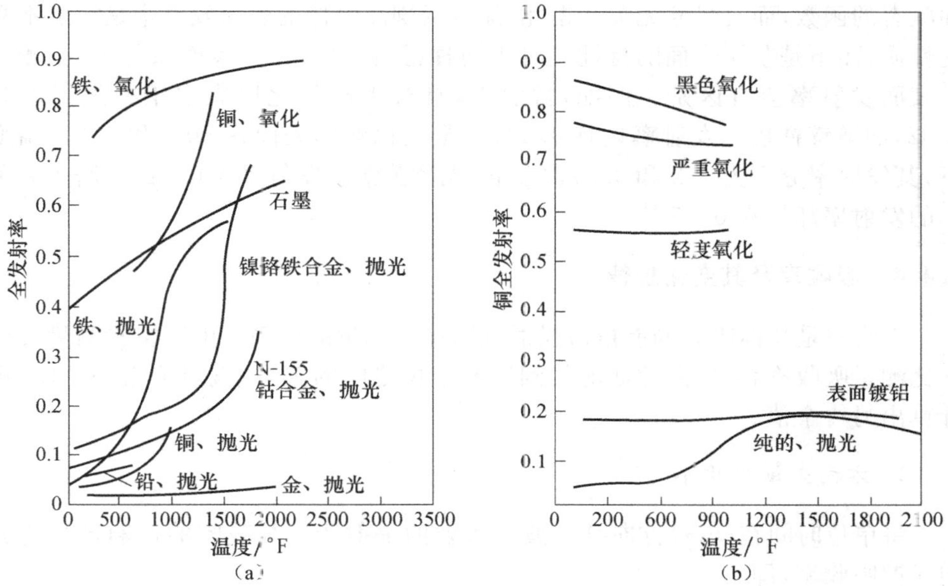

图 2.8　金属发射率随温度的变化[6]

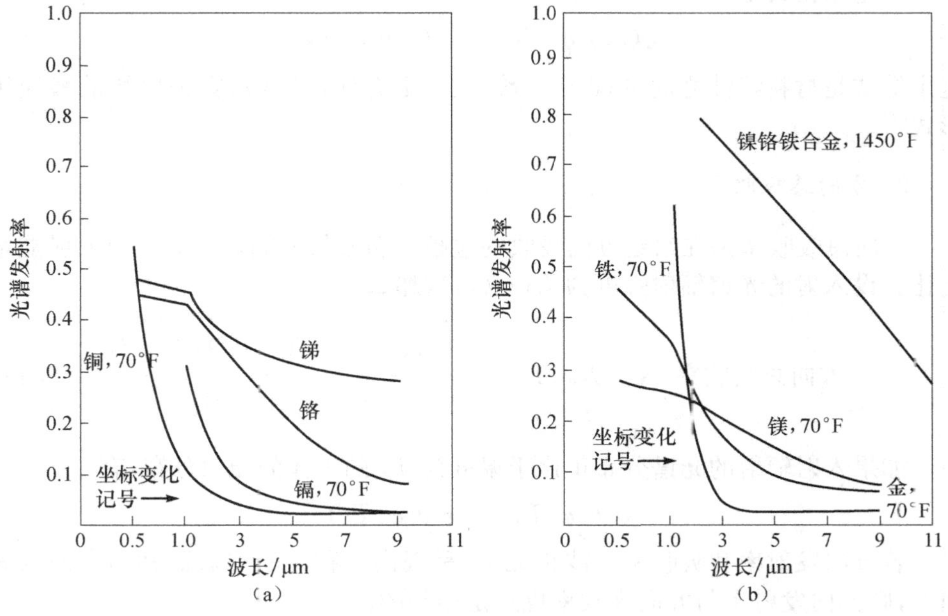

图 2.9　金属发射率随波长的变化[6]

(4) 金属及其他非透明材料的辐射发生在表面几微米内，因此发射率是表面状态的函数，而与尺寸无关。据此，涂敷或刷漆物体的表面发射率是涂层本身的性质，而不是基层表面的特性。对于同种材料，由于样品表面条件不同，测得的表面发射率会有区别。例如，常温下，具有光滑氧化层表皮钢板发射率为0.82，而镀锌铁皮的发射率只有0.23；严重氧化的铝表面在50℃和500℃温度下，其发射率分别为0.2和0.3；常温下，光泽黄铜的发射率为0.22，而磨光后黄铜的发射率却只有0.05[3]。

2.4.4 吸收率及其变化规律

吸收率是物体吸收的能量占投射到物体上能量的份额。由于实验测量发射率比测量吸收率容易，因此如能找到这两个量之间的关系，就能测出一个值，再计算出另一个值。

1. *方向光谱吸收率*

将单位时间在(θ,φ)方向某一波长入射的辐射能中被吸收的份额定义为方向光谱吸收率，即

$$\text{方向光谱吸收率} = \alpha_\lambda(\lambda,\theta,\varphi,T_A) \tag{2.43}$$

由基尔霍夫定律知

$$\alpha_\lambda(\lambda,\theta,\varphi,T_A) = \varepsilon_\lambda(\lambda,\theta,\varphi,T_A)$$

这个等式是材料特性之间的固定关系，且无限有效，是基尔霍夫定律的最通用形式[7]。

2. *方向总吸收率*

方向总吸收率是在给定方向吸收的包括一切波长的能量与该方向入射能量之比。设入射的光谱辐射强度为$I_\lambda(\lambda,\theta,\varphi)$，那么

$$\text{方向总吸收率} = \alpha(\theta,\varphi,T_A) = \frac{\int_0^\infty \alpha_\lambda(\lambda,\theta,\varphi,T_A) I_\lambda(\lambda,\theta,\varphi)\,\mathrm{d}\lambda}{\int_0^\infty I_\lambda(\lambda,\theta,\varphi)\,\mathrm{d}\lambda} \tag{2.44}$$

如果入射辐射的光谱分布正比于温度为T_A的黑体的光谱分布，有

$$\alpha(\theta,\varphi,T_A) = \varepsilon(\theta,\varphi,T_A)$$

若方向发射率和吸收率与波长无关，呈现出这种性质的表面称为方向灰表面[7]，则方向发射率与方向吸收率也总是相等的。

3. *半球光谱吸收率*

半球光谱吸收率是吸收的光谱能量占从环境半球一切方向入射来的光谱能

量的份额。

$$\text{半球光谱吸收率} = \alpha(\lambda, T_A) = \frac{\int_\Omega \alpha_\lambda(\lambda,\theta,\varphi,T_A) I_\lambda(\lambda,\theta,\varphi)\cos\theta \mathrm{d}\Omega}{\int_\Omega I_\lambda(\lambda,\theta,\varphi)\cos\theta \mathrm{d}\Omega} \tag{2.45}$$

当 $I_\lambda(\lambda,\theta,\varphi)$ 与 θ 和 φ 无关，即入射光谱辐射强度在所有方向上都相同时，有

$$\alpha_\lambda(\lambda, T_A) = \varepsilon_\lambda(\lambda, T_A)$$

满足这样特性的表面称为漫射光谱表面[7]。

4. 半球总吸收率

半球总吸收率是表示吸收的入射能量占从环境半球一切方向入射的一切波长能量的份额。

$$\text{半球总吸收率} = \alpha(T_A) = \frac{\int_\Omega \alpha(\theta,\varphi,T_A) I(\theta,\varphi)\cos\theta \mathrm{d}\Omega}{\int_\Omega I(\theta,\varphi)\cos\theta \mathrm{d}\Omega} \tag{2.46}$$

当入射辐射强度与角度无关，且其光谱分布与温度为 T_A 的黑体光谱分布成比例时，有

$$\alpha(T_A) = \varepsilon(T_A)$$

满足这样特性的表面也称漫射灰表面。

2.4.5　反射率及其变化规律

1. 双向光谱反射率

双向光谱反射率的定义是从指定方向 (θ,φ) 入射的某一波长的辐射能被反射到一指定方向 (θ_r,φ_r) 的份额与该入射辐射的比值。

$$\text{双向光谱反射率} = \rho_\lambda(\lambda,\theta_r,\varphi_r,\theta,\varphi) = \frac{I_{\lambda,r}(\lambda,\theta_r,\varphi_r,\theta,\varphi)}{I_{\lambda,i}(\lambda,\theta,\varphi)\cos\theta \mathrm{d}\Omega} \tag{2.47}$$

通常双向光谱反射率具有互换性[7]，即

$$\rho_\lambda(\lambda,\theta_r,\varphi_r,\theta,\varphi) = \rho_\lambda(\lambda,\theta,\varphi,\theta_r,\varphi_r)$$

2. 方向-半球光谱反射率

方向-半球光谱反射率的定义为反射到半球(2π)的辐射能量与来自某一个方向的入射能量之比。

$$方向\text{-}半球光谱反射率=\rho_\lambda(\lambda,\theta,\varphi)=\int_\Omega \rho_\lambda(\lambda,\theta_r,\varphi_r,\theta,\varphi)\cos\theta_r d\Omega_r \quad (2.48)$$

3. 半球-方向光谱反射率

半球-方向光谱反射率的定义为反射的某一方向的辐射能与来自半球(2π)所有方向入射的辐射能量之比。

$$半球\text{-}方向光谱反射率=\rho_\lambda(\lambda,\theta_r,\varphi_r) = \frac{\int_\Omega \rho_\lambda(\lambda,\theta_r,\varphi_r,\theta,\varphi) I_{\lambda,i}(\lambda,\theta,\varphi)\cos\theta d\Omega}{\int_\Omega \frac{1}{\pi} I_{\lambda,i}(\lambda,\theta,\varphi)\cos\theta d\Omega} \quad (2.49)$$

当入射辐射强度均匀时,可得互换关系[7]

$$\rho_\lambda(\lambda,\theta,\varphi)=\rho_\lambda(\lambda,\theta_r,\varphi_r)$$

4. 半球光谱反射率

半球光谱反射率的定义为反射到半球(2π)所有方向的辐射能与来自半球所有方向入射的辐射能量之比。

$$半球光谱反射率=\rho_\lambda(\lambda) \quad (2.50)$$

如考虑一切波长的辐射,还可定义双向总反射率、方向-半球总反射率、半球-方向总反射率和半球总反射率等。

5. 几种特殊的反射面的反射特征

1) 漫反射表面

若来自方向(θ,φ)的入射能量被反射而产生一个反射强度,此反射强度在所有方向上都是均匀的,这一均匀的反射能量可随入射能量角度的变化而变化,则称这样的表面为漫反射表面。

对于任何一个入射角,方向-半球光谱反射率等于双向光谱反射率的π倍[7],即

$$\rho_{\lambda,d}(\lambda,\theta,\varphi)=\pi\rho_\lambda(\lambda,\theta_r,\varphi_r,\theta,\varphi) \quad (2.51)$$

2) 镜反射表面

当表面不平整尺寸小于投射辐射的波长时,形成镜面反射,形象地说就是像镜子一样的表面称为镜反射表面。镜反射的辐射入射角等于反射辐射的反射角。

镜面的双向光谱反射率只是入射方向的函数。

2.4.6　反射率、吸收率和发射率之间的关系

对不透明的物体，吸收率和反射率的关系总有

$$\alpha_\lambda(\lambda,\theta,\varphi,T_A)+\rho_\lambda(\lambda,\theta,\varphi,T_A)=1 \tag{2.52}$$

由基尔霍夫定律可得方向光谱发射率与反射率之间的关系为

$$\varepsilon_\lambda(\lambda,\theta,\varphi,T_A)+\rho_\lambda(\lambda,\theta,\varphi,T_A)=1 \tag{2.53}$$

该表达式是无限制条件的。

当入射辐射的光谱分布正比于温度为 T_A 的黑体的光谱分布，或表面为方向灰表面时，可得方向发射率与反射率的关系

$$\varepsilon(\theta,\varphi,T_A)+\rho(\theta,\varphi,T_A)=1 \tag{2.54}$$

当入射辐射与入射角无关，也就是说入射强度在所有入射方向是均匀的，或 α_λ 和 ε_λ 与角度无关(漫射-光谱表面)时，可得半球光谱发射率与反射率的关系

$$\varepsilon_\lambda(\lambda,T_A)+\rho_\lambda(\lambda,T_A)=1 \tag{2.55}$$

当入射光谱辐射强度与温度为 T_A 的黑体发射的光谱强度成正比，并且入射辐射强度对所有入射角都是均匀的，或是漫射灰表面时，可得半球发射率与反射率的关系

$$\varepsilon(T_A)+\rho(T_A)=1 \tag{2.56}$$

对于非漫射灰表面，由实验测量发现半球发射率与反射率的关系近似满足[12]

$$\varepsilon(T_A)+\rho(T_A)=a \tag{2.57}$$

式中，a 为小于 1 的常数，随着表面特性的不同，a 的取值也不同。

2.5　红外辐射的大气传输

红外热像仪在测量远距离目标时接收到的辐射信号将受到地球大气吸收散射的影响，因为从目标发出的辐射功率在到达红外传感器前，一部分被大气中某些气体有选择地吸收，一部分被大气中的分子或悬浮颗粒散射。虽然吸收和散射的机理不同，但是其作用的结果均使辐射功率在传输过程中发生了衰减。另外，大气路径本身的红外辐射与目标辐射相叠加，将减弱目标与背景的对比度。

设一束辐射功率为 P 的射线垂直穿过厚度为 dx 的介质后，其辐射功率减少 dP，实验证明气体层的吸收和散射作用导致的辐射功率的降低与气体层的厚度以及该点的辐射功率成正比。因此

$$dP_\lambda = -\beta_\lambda P_\lambda dx \tag{2.58}$$

式中，$\beta_\lambda = \alpha_\lambda + \gamma_\lambda$ 称为介质的光谱衰减系数或消光系数，单位为 1/cm，负号表示辐射功率减小；其中 α_λ 为吸收系数，γ_λ 为散射系数。若吸收散射介质是由浓度为 N 的粒子组成，假设在一定条件下，单个粒子的吸收和散射不依赖于粒子的浓度，则吸收系数和散射系数分别正比于单位长度上所遇到的吸收、散射粒子的数目，即正比于这些粒子的浓度

$$\alpha_\lambda = \alpha'_\lambda N_\alpha \tag{2.59}$$

$$\gamma_\lambda = \gamma'_\lambda N_\gamma \tag{2.60}$$

式中，N_α 是吸收粒子的浓度($1/cm^3$)；α'_λ 是单元浓度的吸收系数或吸收截面；N_γ 是散射粒子的浓度($1/cm^3$)；γ'_λ 是单元浓度的散射系数或粒子平均散射截面。

散射截面 γ'_λ 可写成

$$\gamma'_\lambda \propto \pi r^2 Q_{sca} \tag{2.61}$$

式中，r 为散射粒子半径；Q_{sca} 为散射效率因素。

对式(2.58)从 0 到 x 积分，可得在 x 处的辐射功率为

$$P_{\lambda,x} = P_{\lambda,0} \exp\left[-\int_0^x \beta_\lambda(x) dx\right] \tag{2.62}$$

式中，$P_{\lambda,0}$ 是在 $x=0$ 处的辐射功率。式(2.62)称为布格(Bouguer)定律，也称为朗伯(Lambert)-比尔(Beer)定律。它是分析容积辐射的基本定律，表明辐射功率在介质中传播按指数规律衰减。

由于吸收和散射引起辐射衰减，其衰减程度也可用大气透过率表达

$$\tau_\lambda = \frac{P_{\lambda,x}}{P_{\lambda,0}} = e^{-\int_0^x \beta_\lambda dx} \tag{2.63}$$

式中，τ 为大气透过率；x 是路程长度。

定义光学穿透距离 x_m 与衰减系数 β_λ 的关系为

$$x_m = \frac{1}{\beta_\lambda} \tag{2.64}$$

定义介质的光谱学厚度为

$$l_\lambda = \int_0^x \beta_\lambda(x) dx \tag{2.65}$$

当衰减系数在介质中是不变的常量时，光学厚度与光学穿透距离 x_m 的关系为

$$l_\lambda = \beta_\lambda x = \frac{x}{x_m} \tag{2.66}$$

当光学厚度 $l_\lambda \gg 1$ 时，称为光学厚介质，辐射能只通过很短的距离就被吸收或散射掉。相反，当光学厚度 $l_\lambda \ll 1$ 时，称为光学薄介质，辐射能通过很大的距离而不被吸收或散射。

2.5.1　大气吸收

在红外波段，吸收比散射严重得多。大气含有多种气体成分，根据分子物理学理论，吸收是入射辐射和分子系统之间相互作用的结果。大气中某些分子具有与红外光谱区域相应的振动-转动共振频率，同时还有纯转动光谱带，而且当分子振动(或转动)的结果引起电偶极矩变化时，就能产生红外吸收光谱。由于地球大气层中含量最丰富的氮、氧、氩等气体分子是对称的，它们的振动不引起电偶极矩变化，故这些气体分子不吸收红外辐射，是使可见光产生瑞利散射的主要散射源。大气中含量较少的水蒸气、二氧化碳、臭氧、甲烷、氧化氮、一氧化碳等非对称分子振动引起的电偶极矩变化能产生强烈的红外吸收。

图 2.10 为海平面上约 2km 的水平路径所测得的大气透过曲线，图的下部表示了水蒸气、二氧化碳和臭氧分子所造成的吸收带。由于低层大气的臭氧浓度很低，在波长超过 1μm 和高度达 12km 的范围内，意义最大的是水汽和二氧化碳分子对辐射的选择性吸收，如二氧化碳在 2.7μm、4.3μm 和 15μm 有较强的吸收带。

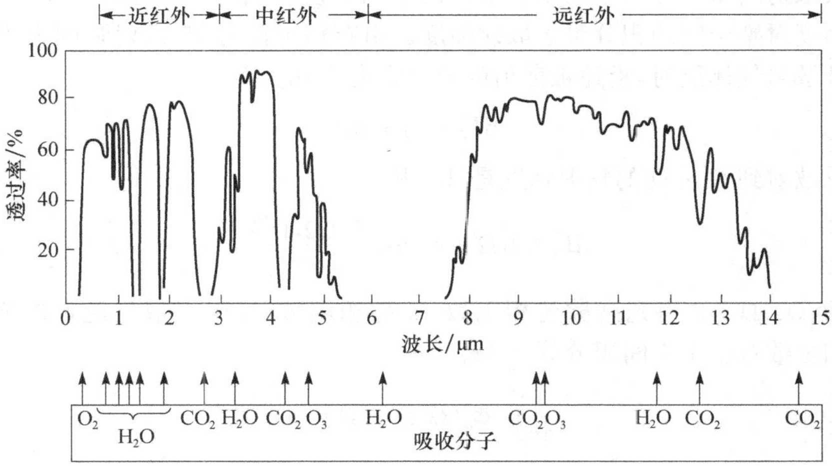

图 2.10　海平面水平路程的大气透过率

图中的几个高透过区域称为大气窗口。近、中、远红外波段的大气窗口有 0.95～1.05μm、1.15～1.35μm、1.5～1.8μm、2.1～2.4μm、3.3～4.2μm、4.5～

5.1μm和8～13μm。有时我们也粗略地认为地球大气有1～3μm、3～5μm和8～14μm三个大气窗口。

2.5.2　大气散射

大气散射是由于介质不均匀所致，辐射在大气中遇到气体分子密度的起伏及悬浮粒子，使其改变传输方向，使传播方向的辐射能量减弱，这就是散射。大气中气体分子的散射叫做分子散射；大气中各类悬浮粒子也能引起散射，悬浮在大气中的云、雾、雨滴、冰晶、尘埃、碳粒子、烟、盐晶粒等统称为气溶胶。霾表示弥散在气体溶胶中的各处的细小微粒，它由很小的盐晶粒、极细的灰尘或燃烧物等组成，半径一直到0.5μm。在湿度较大的地方，湿气凝聚在这些微粒上，可使它们变得很大。当凝聚核增大为半径超过1μm的水滴或冰晶时，就形成了雾。云的形成原因和雾相同，通常将接触地面的称雾，不接触地面的称云。

仅含散射物质(无吸收物质)的均匀大气的光谱透过率为

$$\tau_\lambda = e^{-\gamma_\lambda x} \tag{2.67}$$

式中，γ_λ为散射系数，包括气体分子、霾和雾的散射影响；x为路程长度。

由于入射辐射能量的一部分被转变方向，将同时增强其他方向的辐射强度。因此需要知道入射辐射被散射后的方向性分布。描述散射方向的主要参数有两个，一是散射方向强度，一是相函数。散射方向强度是指投射到散射体上的入射辐射被散射到某一方向单位立体角内的散射强度，单位为W/(m^2·sr^2)。方向散射强度对整个空间积分等于散射强度。由布格定律可知，入射强度为I_λ的辐射穿越散射气体层时，沿途被散射的辐射强度为dI_λ，则

$$dI_{s\lambda} = \gamma_\lambda I_\lambda dx \tag{2.68}$$

设散射到Ω'方向的辐射强度是dI'_λ，则

$$dI'_{s\lambda}(\Omega,\Omega') = dI_\lambda \frac{\Phi_\lambda(\Omega,\Omega')}{4\pi} \tag{2.69}$$

式中，$\Phi_\lambda(\Omega,\Omega')$称为光谱散射相函数，简称相函数，反映了散射能量的方向分布。相函数对整个空间积分等于4π。

$$\frac{1}{4\pi}\int_{4\pi}\Phi_\lambda(\Omega,\Omega')d\Omega = 1 \tag{2.70}$$

对各向同性散射或均匀散射，有

$$\Phi_\lambda(\Omega,\Omega') = 1 \tag{2.71}$$

大气散射规律随散射体大小不同而不同，在散射中通常采用一个尺寸因子χ来反映散射体尺寸的影响。

$$\chi = \frac{2\pi r}{\lambda} \tag{2.72}$$

式中，r 为散射粒子的半径；λ 为入射光的波长。在 χ 较小(通常指 $\chi<0.3\sim1.0$)时，散射遵守瑞利散射规律。当 χ 超过瑞利散射的范围后(通常指 $\chi=1.0\sim20$)，进入米氏(Mie)散射的范围。当散射粒子很大时，服从几何光学散射规律。

1）瑞利散射理论

观察到光的散射现象最早可以追溯到 1802 年，当时 Richter 就曾观察到光束通过金溶胶时的光径。1869 年 Tyndall 重新详细地研究这种现象，并使光线通过一个盛有亚硝酸丁酯和盐酸混合蒸气的管子，制成了模拟的蓝色天空。他还发现在白光的照射下，散射光是部分偏振[8]。1871 年，瑞利首先从理论上解释了光的散射现象，并通过对远小于光波长的微粒散射进行精密研究，得出了散射光强度与入射光波长的四次方成反比[9]的结论，这就是著名的瑞利散射定律，随着波长的增加，瑞利散射将迅速减小。瑞利认为，一束光射入媒质后，将引起媒质中每个分子做强迫振动。这些做强迫振动的分子将成为新的点光源，向外辐射次级波。这些次级波与入射波叠加后的合成波就是在媒质中传播的折射波。对均匀媒质来说，这些次波是相干的，其干涉的结果，只有沿折射光方向的合成波才加强，其余方向皆因干涉而抵消，这就是光的折射。如果媒质出现不均匀性，破坏了散射体之间的位置关系，各次波不再是相干的，这时合成波折射方向因干涉而加强的效果也随之消失，也就是说其他方向也会有光传播，这就是散射。但瑞利散射只适用于颗粒的尺寸小于光波长且颗粒的间距大于光波长的情况，它的使用受到很大限制。

一般情况下散射光是偏振的。自然光在瑞利散射后，散射光的总强度为

$$I_{sca} = \frac{\lambda^2 E_0 N r^2}{16\pi^2}\chi^4\left(\frac{n^2-1}{n^2+1}\right)^2(1+\cos^2\theta) \tag{2.73}$$

式中，E_0 为入射光的照度；I_{sca} 为相应于某一观察方向(与入射光成 θ 角)的散射光强度；λ 为入射光的波长；n 为散射粒子的折射率。

瑞利散射的效率因素为

$$Q_{sca} = \frac{8}{3}\chi^4\left(\frac{n^2-1}{n^2+1}\right)^2 \tag{2.74}$$

2）米氏散射理论

1908 年，米氏在电磁理论的基础上，从麦克斯韦方程出发，对于平面线偏振单色波被一个位于均匀媒质中具有任意直径和任意成分的均匀球衍射，得出了一个严格解，这就是著名的米氏理论[9,10]。米氏理论是球形颗粒光散射和吸收

的通用理论，可以适用于任意尺寸和任意光学常数的颗粒。米氏理论的计算非常复杂，但随着电子计算机的发展，米氏理论的应用变得简单可行。

在近几十年中，米氏光散射理论用于微小颗粒的测量，已在环保、能源、天文、气象、粉体科学等许多领域得到日益广泛的应用。

根据米氏理论，粒子的散射强度取决于入射光的强度、波长和偏振度、粒子的直径和相对折射率，以及相对观察方向。当光强为 I_0 的自然光入射到球形粒子时，其散射光强为[10]

$$I(\theta,\chi,m)=\frac{\lambda^2}{8\pi^2L^2}[i_1(\theta,\chi,m)+i_2(\theta,\chi,m)]I_0 \tag{2.75}$$

而当入射光为一平面偏振光时，在散射面上的散射光强为

$$I(\varphi)=\frac{\lambda^2}{4\pi^2L^2}(i_1\sin^2\varphi+i_2\cos^2\varphi)I_0 \tag{2.76}$$

上两式中，θ 为散射角；$\chi=2\pi rn/\lambda$ 称为粒子的尺寸因子；$m=m_1+\mathrm{j}m_2$ 为粒子相对于周围介质的折射率；n 为周围介质的折射率，虚部不为零，表示粒子有吸收；λ 为入射光的波长；r 为粒子半径；L 为观察点至散射粒子的距离；φ 为入射光的电矢量相对于散射面的夹角；而 i_1、i_2 则分别为垂直及平行于散射平面的散射强度函数分量。图 2.11 为用米氏理论计算得到的粒子散射效率因素随尺寸因子的变化规律。

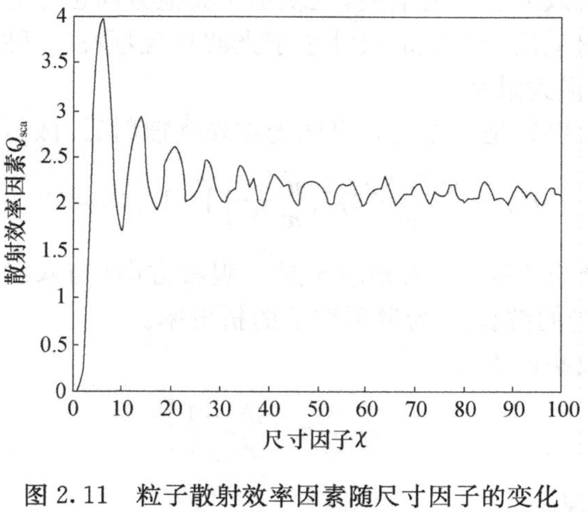

图 2.11 粒子散射效率因素随尺寸因子的变化

米氏散射理论是适用范围很广的理论，可以适用于任意尺寸和任意光学常数的颗粒。对于小尺寸颗粒已不能被认为是衍射散射时，米氏散射理论依然正

确，衍射散射可看作是米氏散射的一种特例。

2.5.3　大气辐射传输的计算

早期计算大气辐射传输都用查表的方法[2]。如水平观察路径的大气透过率可通过查海平面水平路程上主要吸收气体水蒸气、二氧化碳的光谱透过率表。由于二氧化碳成分变化不大，它的透过率可直接查表。水蒸气是大气的可变成分，它的吸收与气温、相对湿度有关，即与反映每公里可凝水量的绝对湿度有关。对一定海拔高度的水平路程，由于大气压强低、吸收带变窄、同样路程透过率增加，须引入高度修正因子，等效折算到海平面路程。倾斜路程则要将路程等分为若干段，分段折算等效路程，计算各段的透过率，再求整个路程的透过率。查表法对大气传输模型做了大量简化，也未考虑散射，计算繁复，精度较差，已很少使用。目前，工程上广泛利用已发展起来的多种算法编写的大气传输计算软件[11]。常用的大气传输计算软件如下。

1）低频谱分辨率传输（LOWTRAN）

LOWTRAN（low resolution transmission）是美国空军地球物理实验室（AFGL，前空军坎布里奇实验室，AFCRL）用 FORTRAN 语言开发的大气特性计算软件，用于计算低频谱分辨率（$20cm^{-1}$）系统给定大气路径的平均透过率、大气背景辐射亮度、阳光和月光的散射辐射亮度和太阳直射辐照度。LOWTRAN7 于 1988 年初完成，1989 年由政府公布，它把 LOWTRAN6 的频谱扩充到近紫外到毫米波的范围。根据修正的模型和其他方面的改进，LOWTRAN7 比 1983 年公布的 LOWTRAN6 更为完善。

LOWTRAN7 的主要优点是计算迅速，结构灵活多变，选择内容包括大气中气体的或分子的分布及大型粒子，还包括大气气溶胶（灰尘、霾和烟雾）以及水汽（雾、云、雨）的分布。由于 LOWTRAN 中所用的近似分子谱带模型的限制，对 40km 以上的大气区域，精度严重下降。LOWTRAN 主要作为工作于下层大气和地表面战术系统的辅助工具。

2）快速大气信息码（FASCODE）

FASCODE 利用美国地球物理管理局开发的算法，建立单个种类的大气吸收线形状的计算模型，进行逐线计算。所有谱线数据存于 HITRAN 数据库。FASCODE 是一套实用的精确编码，比 LOWTRAN 有更高的精度。但是，由于需要复杂的逐线计算，其计算速度远低于 LOWTRAN。FASCODE 可用于要求预测高分辨率的所有系统。

3）中频谱分辨率传输（MODTRAN）

MODTRAN（moderate resolution transmission）是在 LOWTRAN 的基础上改进而成的，首次发布于 1989 年，包括的谱带范围与 LOWTRAN 一致，且有

LOWTRAN的全部功能。与LOWTRAN7相同，它包括一系列分子的谱带模型，但精度可达2cm^{-1}。与FASCODE不同的是它拥有自己的光谱数据库。由于它既包括了直接的太阳辐射亮度，也包括了散射的太阳辐射亮度，所以适用于低大气路径(从表面到30km)和中等大气路径。当路径大于60km时，运用MODTRAN要谨慎。

4）高频谱分辨率传输(HITRAN)

HITRAN是国际公认的大陆大气吸收和辐射特性的计算标准和参考，其数据库包含了有30种分子系列的谱参数及其各向同性变量，包括从毫米波到可见的电磁波谱。除作为独立的数据库外，HITRAN还可用作FASCODE的直接输入以及谱带模型码，如LOWTRAN和MODTRAN的间接输入。在解决输入的情况时，分子谱带以逐线模式计算，递降到谱带模型特定的分辨率，然后再进行相应参量化。

红外热像系统接收到的辐射一部分是直接透射的能量，另一部分来自路径辐射。路径辐亮度是辐射传输过程中不断被各层大气所吸收并且再次辐射而产生的。路径辐射使系统接收到的能量增加，降低了目标对比度，对热红外波段的影响尤为明显。图2.12为近地面大气温度下的大气光谱热辐射的MODTRAN计算结果，计算时，观测天顶角$\theta_v=88°$。

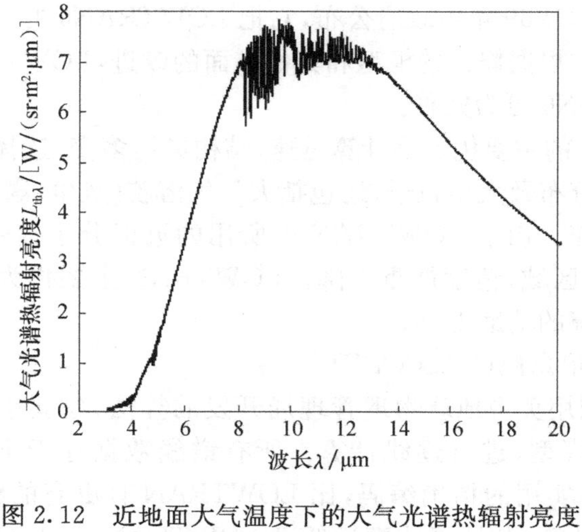

图2.12　近地面大气温度下的大气光谱热辐射亮度

从图2.12可以看出，在高观测天顶角下，由于大气行程较长，大气光谱热辐射亮度曲线已与近地面大气温度下的黑体光谱辐射亮度曲线十分接近，只是在8～14μm波段还存在小幅波动。此时，大气热辐射主要由底层大气的成分和温度决定，近地面大气温度越高，大气热辐射亮度越大。

利用大气辐射传输计算软件可以计算不同海拔高度上的水平路径或斜程的不同传输距离的大气光谱透射率。零海拔 3～5μm 和 8～14μm 波段水平路径上不同传输距离的大气光谱透射率的计算结果如图 2.13 和图 2.14 所示。

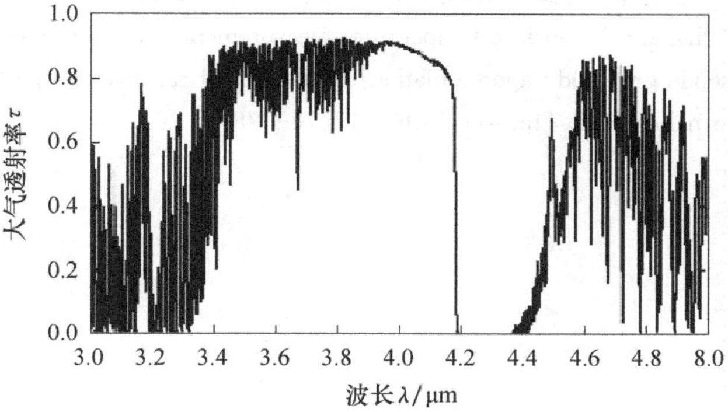

图 2.13　水平路径 1km 距离下的大气透射率(3～5μm)

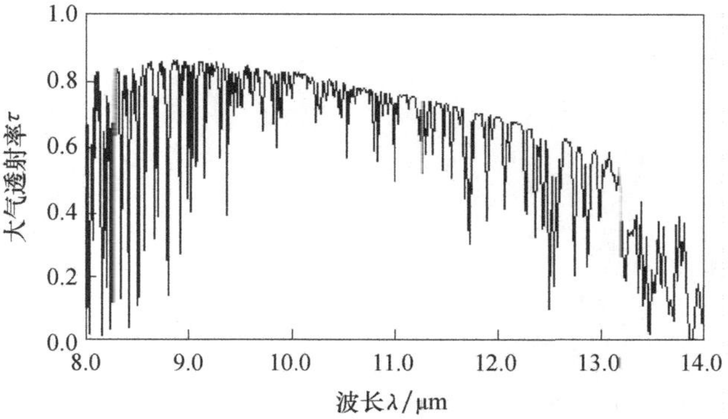

图 2.14　水平路径 1km 距离下的大气透射率(8～14μm)

参考文献

[1]　克利克苏诺. 红外技术原理手册[M]. 俞福堂等译. 北京：国防工业出版社，1986.

[2]　张建奇，方小平. 红外物理[M]. 西安：西安电子科技大学出版社，2004.

[3]　杨世铭，陶文铨. 传热学[M]. 北京：高等教育出版社，2006.

[4]　张靖周. 高等传热学[M]. 北京：科学出版社，2009.

[5]　陈衡. 红外物理学[M]. 北京：国防工业出版社，1985.

[6]　葛绍岩，那鸿悦. 热辐射性质及其测量[M]. 北京：科学出版社，1989.

[7] 西格尔,豪厄尔. 热辐射传热[M]. 曹玉璋,黄素逸,陆大有译. 北京:科学出版社,1990.

[8] 赵择卿,陆达年,杨定超. 光散射技术. [M]. 北京:纺织工业出版社,1989.

[9] 尹宏. 大气辐射学基础. [M]. 北京:气象出版社,1993.

[10] Bohren C F, Huffman D R. Absorbtion and Scattering of Light by Small Particles[M]. New York: Wiley, 1983.

[11] 吴北婴,等. 大气辐射传输实用算法[M]. 北京:气象出版社,1998.

[12] Inagaki T, Okamoto Y. Surface temperature measurement using infrared radiometer by applying a pseudo-grey-body approximation: Estimation of radiative properties for metal surface[J]. Journal of Heat Transfer, 1996, 117: 73—78.

第 3 章　红外热成像测温原理

3.1　概　　述

红外热成像测温技术是一种直观、准确、灵敏度高、快速、安全、应用范围广泛的测定物体表面温度场分布的非接触测量技术。任何高于绝对零度的物体由于其自身分子的运动，不停地向外发射热辐射，红外热像仪通过接收物体发出的红外线（红外辐射），再由红外探测器将物体辐射的功率信号转换成电信号，经电子系统处理，得到与物体表面热分布相应的热像图（灰度或伪彩色图），从而给出物体表面的温度分布情况。红外测温的主要优点有：①非接触测量，不破坏被测目标温度场，对远距离目标、高速运动目标、带电目标、高温目标等都适用；②测温响应快，无热惯性，能测导热系数很小或热容很小的物体；③测温范围宽，可测温度为－45～2000℃；④测温灵敏度高，可分辨超过 0.01℃的温差；⑤空间分辨率高；⑥输出信号数值化，便于计算机处理。

目前，该技术已在发电机、变压器、电力线路和断路器等电气设备的红外检测[1]，机器设备的状态监测[2]，半导体元件和集成电路的质量筛选和故障诊断[3]，石化设备的故障诊断[4]，火灾的探测[5]，材料内部缺陷的无损监测[6]，传热研究[7]以及红外特征与隐身评估[8]等领域得到广泛的应用，带来了可观的经济效益。

红外热像仪根据接收到的热辐射换算出被测物体的表面温度。由于实际进入热像仪的热辐射不仅有目标的自身热辐射，还有反射环境的热辐射和大气辐射，因此红外测温受到许多因素的影响。为了准确给出红外成像测温的计算式，人们开展了大量研究工作来提高红外成像测温的准确性。斯达尔提出用一个小的精密扫描光阑扫描背景以减少背景辐射的干扰[9]。瑞士 AGA 公司生产的红外热像仪采用灰体近似方法，建立了灰体温度的修正计算公式，并采用修正由线的方法修正环境辐射等影响因素对测温的影响[10]。1981 年，张才根根据亮度法测温原理，建立了用红外测温仪测量目标表面真实温度的方法，得到了测温时对目标比辐射率和环境辐射等效黑体温度修正的方法[11,12]。

1985 年，美国普林斯顿大学的 UIrickson 在普朗克公式和维恩位移定律的基础上得出最佳测量波段和测量温度的表达式，并分析了测量方法、发射率、大气传输等对测温的影响[13]。1995 年，日本 Ibaraki 大学的 Inagaki 和 Okamoto 通过在测量设备周围放置类似于黑体的遮拦物和在被测物体和镜头之间放置锥形水冷罩(内表面经过黑体化处理)等简化措施来建立红外热像仪测量非金属物体温度的测温模型,得出了其测温方程[14]。同年他们又通过类似的办法建立了红外热像仪测量金属物体温度的测温模型和测温方程[15]。1999 年,杨立根据红外测温理论,通过分析红外热像仪测温的基本原理,得到了计算被测表面真实温度的通用计算公式;给出了估计测温误差的计算公式,讨论了影响红外测温的因素[16]。2000 年,寇蔚系统分析了各种因素对红外热像仪测温的影响及其程度,并讨论了减小误差的对策[17]。2004 年,塞尔维亚和黑山共和国的 Pokorni 在研究红外辐射理论的基础上建立了红外辐射测温的通用数学模型,得出了物体表面温度的测量公式和测温误差的计算公式,并通过一个具体的例子进行了测温的影响因素及其误差分析[18]。此外,国内外许多学者也进行了相关的研究(见参考文献[19]~[31])。

3.2 红外测温原理

红外热像仪测温是靠接收被测物体表面发射辐射来确定其温度的。实际测量时,热像仪接收到的有效辐射包括目标自身辐射、环境反射辐射和大气辐射三部分。

对不透明的物体,被测物体表面的辐射亮度为

$$\begin{aligned} L_\lambda &= \varepsilon_\lambda L_{b\lambda}(T_0) + \rho_\lambda L_{b\lambda}(T_u) \\ &= \varepsilon_\lambda L_{b\lambda}(T_0) + (1-\alpha_\lambda) L_{b\lambda}(T_u) \end{aligned} \tag{3.1}$$

式中,第一部分为表面光谱辐亮度,第二部分为反射的环境光谱辐亮度;T_0 为被测物体表面温度;T_u 为环境温度;ε_λ 为表面辐射率;ρ_λ 表面反射率;α_λ 为表面对环境辐射的吸收率。

作用于热像仪入瞳的辐射照度为

$$E_\lambda = A_0 d^{-2}[\tau_{a\lambda}\varepsilon_\lambda L_{b\lambda}(T_0) + \tau_{a\lambda}(1-\alpha_\lambda)L_{b\lambda}(T_u) + \varepsilon_{a\lambda}L_{b\lambda}(T_a)] \tag{3.2}$$

式中,A_0 为热像仪最小空间张角对应目标的可视面积;d 为该目标到测量仪器的距离;通常在一定条件下,$A_0 d^{-2}$ 为一个常值;$\tau_{a\lambda}$ 为大气的光谱透射率;$\varepsilon_{a\lambda}$ 为大气辐射率。

入射在热像仪镜头上某一波长的辐射功率为[9]

$$P_{i\lambda} = E_\lambda A_r \tag{3.3}$$

式中,A_r 为热像仪透镜的面积。

通过热像仪光学系统的辐射通量为

$$P_{t\lambda}=\tau_{op}P_{i\lambda}$$

式中，τ_{op}为光学系统的透过率。光学系统产生的杂散辐射 P_c 与热像系统的平均温度 T_c 有关，它还包括由光阑和系统的机械元件产生辐射散射到探测器的部分。这部分辐射可在设计阶段采用高投射材料和冷光阑使其最小化。

探测器敏感元件接收到的辐射为

$$P_d=P_{t\lambda}+P_{c\lambda} \tag{3.4}$$

热像仪通常工作在 2～5μm 或 8～13μm 两个波段，探测器将工作波段上的入射辐射积分，并把它转化成一个与能量成正比的电压信号。

依据文献[9]可知，热像仪与辐射功率相应的响应电压为

$$V_d=R_\lambda P_d \tag{3.5}$$

在热像系统中，输出电压信号必须达到一定的电压值，才能保持与显示器件的一致。第一阶预放将在信号中增加一个直流电压 V_0，使它达到平均视频信号的水平，这样可保证显示单元具有不同的灰度等级。

$$V_{pa}=V_d+V_0 \tag{3.6}$$

信号可放大到不同的倍数，这通常对应热像系统的不同量程，与系统的灵敏度和动态测量范围有关，最终的信号电压为

$$V_s=gV_{pa} \tag{3.7}$$

或

$$V_s=A_rA_0d^{-2}\tau_{op}g\left\{\tau_a\left[\varepsilon\int_{\Delta\lambda}R_\lambda L_{b\lambda}(T_0)\mathrm{d}\lambda+(1-\alpha)\int_{\Delta\lambda}R_\lambda L_{b\lambda}(T_u)\mathrm{d}\lambda\right]\right.$$
$$\left.+\varepsilon_a\int_{\Delta\lambda}R_\lambda L_{b\lambda}(T_a)\mathrm{d}\lambda\right\}+g\int_{\Delta\lambda}R_\lambda P_{c\lambda}\mathrm{d}\lambda+gV_0 \tag{3.8}$$

式中，R_λ 为探测器的光谱响应度，对某台确定的热像仪为常值。

令 $K=A_rA_0d^{-2}\tau_{op}g$，取

$$\int_{\Delta\lambda}R_\lambda L_{b\lambda}(T)\mathrm{d}\lambda=I_R(T) \tag{3.9}$$

则式(3.8)变为

$$V_s=K\{\tau_a[\varepsilon I_R(T_0)+(1-\alpha)I_R(T_u)]+\varepsilon_aI_R(T_a)\}+V'_c \tag{3.10}$$

式中，

$$V'_c=g\int_{\Delta\lambda}R_\lambda P_{c\lambda}\mathrm{d}\lambda+gV_0$$

由于红外热像仪接收的是目标的自身辐射、环境的反射辐射和大气辐射的总和，无法确定各自的份额。通常假定其接收的辐射为某一黑体发射的辐射，因

此将红外热像仪指示的温度称为辐射温度[32]或表观温度[33]。

令

$$\frac{V_s - V_c'}{K} = I_R(T_r) \tag{3.11}$$

式中，$I_R(T_r)$也称为红外辐射热像仪的刻度函数[9]，通常是通过标定得到$I_R(T_r)$与黑体温度的关系，则式(3.10)变为

$$I_R(T_r) = \tau_a[\varepsilon I_R(T_0) + (1-\alpha) I_R(T_u)] + \varepsilon_a I_R(T_a) \tag{3.12}$$

当被测表面为黑体，且大气透射率 $\tau_a=1, \varepsilon_a=0$ 时，$I_R(T_r)=I_R(T_0)$，热像仪测量的辐射温度就是物体表面的真实温度。当 $\varepsilon<1$ 时，热像仪的辐射温度不等于物体的真实温度。式(3.10)中，若 $\alpha=\varepsilon$，即认为被测物体为灰体，且 $\varepsilon_a=1-\tau_a$ 时，式(3.13)就是热像仪灰体测温修正计算常用的基本公式[10]。

$$I_R(T_r) = \tau_a[\varepsilon I_R(T_0) + (1-\varepsilon) I_R(T_u)] + (1-\tau_a) I_R(T_a) \tag{3.13}$$

对近距测量 $\tau_a=1$，有

$$I_R(T_r) = \varepsilon[I_R(T_0) - I_R(T_u)] + I_R(T_u) \tag{3.14}$$

如果已知环境温度和物体表面发射率就能准确测出物体表面的真实温度。图 3.1 为环境温度为 300K 时，不同辐射率时红外热像仪的刻度函数与目标温度的关系曲线，通常也称为标定曲线。由图可知，只要知道了环境温度和目标辐射率以及热像仪的输出刻度值，就能由该曲线确定目标的真实温度 T_0。对物体表面辐射率 $\varepsilon<1$ 的情况，当环境温度小于目标温度时，目标温度大于热像仪指示的辐射温度；而当环境温度高于目标温度时，情况正相反。

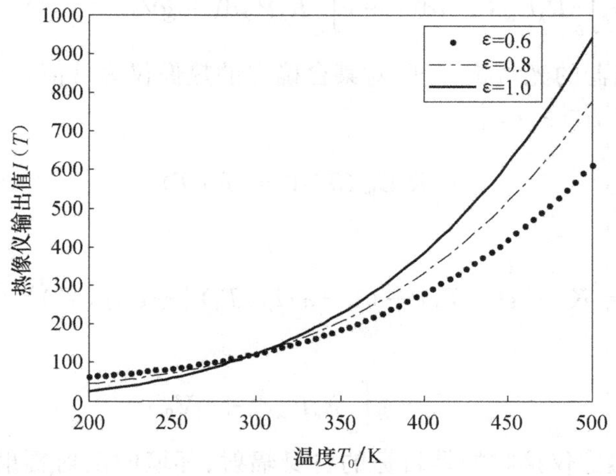

图 3.1　红外热像仪输出值与温度的关系

当环境温度不同时，标定曲线就不同，利用该方法就比较复杂，且精度不高。所以最好的方法是给出一个多项式来近似计算函数 $I_R(T)$，利用式(3.14)计算求解真实温度 T_0。

由普朗克辐射定律知

$$I_R(T) = \int_{\Delta\lambda} R_\lambda L_{b\lambda}(T)\mathrm{d}\lambda = \int_{\Delta\lambda} R_\lambda \frac{C_1}{\pi}\lambda^{-5}\left[\exp\left(\frac{C_2}{\lambda T}\right) - 1\right]^{-1}\mathrm{d}\lambda \qquad (3.15)$$

式中，$C_1 = 3.7418 \times 10^{-4}(\mathrm{W \cdot cm^2})$，$C_2 = 1.4388(\mathrm{cm \cdot K})$分别为第一、第二辐射常数。

对红外热探测器，当不考虑 R_λ 随波长的变化时，在近环境温度条件下，对式(3.15)在 2～5μm 和 8～13μm 积分，可分别得到 $I(T)$随温度的变化关系，如图 2.3 所示。它们近似满足如下关系[14]：

$$I_R(T) = I(T) = \int_{\Delta\lambda} L_{b\lambda}\mathrm{d}\lambda \approx CT^n \qquad (3.16)$$

式中，在 2～5μm，$n_1 = 9.2554$；在 8～13μm，$n_2 = 3.9889$。

当测量温度范围较宽时，可采用文献[10]推荐的标定曲线

$$I(T) = \frac{A}{Ce^{\frac{B}{T}} - 1}$$

其中，A、B、C 为取决于热像仪实际光圈、滤镜、摄像头型号等常数。A、B、C 可通过对黑体测得的一系列不同温度下对应仪器的输出值，采用最小二乘法拟合得出。

对于不同型号的热像仪，由于探测器的光谱响应 R_λ 不同，即使工作在同一波段，辐射能随温度的变化也会有所不同，n 值也有所不同，使用过程中应加以注意。

将式(3.16)代入式(3.12)得

$$T_r^n = \tau_a[\varepsilon T_0^n + (1-\alpha)T_u^n] + \varepsilon_a T_a^n \qquad (3.17)$$

故被测表面真实温度的计算公式为

$$T_0 = \left\{\frac{1}{\varepsilon}\left[\frac{1}{\tau_a}T_r^n - (1-\alpha)T_u^n - \frac{\varepsilon_a}{\tau_a}T_a^n\right]\right\}^{\frac{1}{n}} \qquad (3.18)$$

由式(3.18)知，即使热像仪指示的辐射温度 T_r 相同，而使用的热像仪工作波段不同，或物体表面发射率 ε 等参数不同，修正的物体表面真实温度 T_0 也将有很大的差别，如图 3.2 所示。可以看出只有当被测表面为黑体，即 $\varepsilon = \alpha = 1$ 时，热像仪的辐射温度才等于物体表面的真实温度，而 $\varepsilon < 1$ 时，物体表面真实温度不等于热像仪显示的辐射温度。

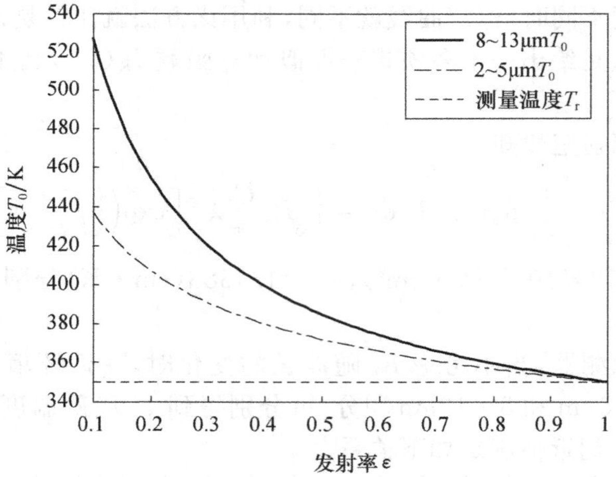

图 3.2　物体表面真实温度随发射率的变化

当被测表面满足灰体近似时，$\varepsilon=\alpha$，且认为大气 $\varepsilon_a=1-\tau_a$，则式(3.17)和式(3.18)分别变为

$$T_r^n=\tau_a\left[\varepsilon T_0^n+(1-\varepsilon)T_u^n+\left(\frac{1}{\tau_a}-1\right)T_a^n\right] \tag{3.19}$$

$$T_0=\left\{\frac{1}{\varepsilon}\left[\frac{1}{\tau_a}T_r^n-(1-\varepsilon)T_u^n-\left(\frac{1}{\tau_a}-1\right)T_a^n\right]\right\}^{\frac{1}{n}} \tag{3.20}$$

这就是计算灰体表面真实温度的计算公式。近距测量时，$\tau_a=1$，则式(3.20)可变为

$$T_0=\left\{\frac{1}{\varepsilon}\left[T_r^n-(1-\varepsilon)T_u^n\right]\right\}^{\frac{1}{n}} \tag{3.21}$$

当被测表面温度很高时，即 T_u/T_0 很小可忽略，则

$$T_0=\frac{T_r}{\sqrt[n]{\varepsilon}} \tag{3.22}$$

3.3　红外温度测量方法

3.3.1　温度的直接测量法

对于灰体，由式(3.21)和式(3.22)可知，当已知被测物体表面的发射率和环境温度，可由测量的辐射温度直接算出表面真实温度，这种方法也称为直接测量法[10]。

根据式(3.21)可计算出被测面上两点的温度差为

$$\Delta T = T_{01} - T_{02} = \frac{1}{\varepsilon^{\frac{1}{n}}}\{[T_{r1}^{n} - (1-\varepsilon)T_{u}^{n}]^{\frac{1}{n}} - [T_{r2}^{n} - (1-\varepsilon)T_{u}^{n}]^{\frac{1}{n}}\} \tag{3.23}$$

可见当被测表面为灰体时,被测表面真实温差与表面发射率 ε 和环境温度有关。当 ε 取 1,即被测表面为黑体时,$\Delta T = T_{01} - T_{02} = T_{r1} - T_{r2}$,实际温差就是热像仪指示的辐射温差。当 $\varepsilon < 1$ 时,随 ε 的取值不同,计算出被测两点的温差不同。如 ε 取值越小,两点间温差计算值就越大。因此对一些实际设备,当发射率估计不准时,会给利用设备的相对温差识别故障带来不准确性。因此在进行温度测量时,必须尽量先准确测出被测表面发射率,或采用其他方法同时解出物体表面温度和发射率,如双波段方法等。

3.3.2　温度的相对测量法

如果已知某一参考温度,也可用相对测量方法计算目标温度[10]。由式(3.19)可知

$$T_{r0}^{n} = \tau_{ao}\left[\varepsilon_0 T_{00}^{n} + (1-\varepsilon_0)T_{u0}^{n} + \left(\frac{1}{\tau_{ao}} - 1\right)T_{a}^{n}\right] \tag{3.24}$$

$$T_{rr}^{n} = \tau_{ar}\left[\varepsilon_r T_{0r}^{n} + (1-\varepsilon_r)T_{ur}^{n} + \left(\frac{1}{\tau_{ar}} - 1\right)T_{a}^{n}\right] \tag{3.25}$$

式中,T_{r0}、T_{rr},T_{00}、T_{0r},ε_0、ε_r 分别为目标与参考体的辐射温度、真实温度和发射率。在采用温度的相对测量法时,假设目标和参考体放置很近,因此 $\tau_{ao} = \tau_{ar}$,$T_{u0} = T_{ur}$,由式(3.24)和式(3.25)可得

$$T_{00} = \left[\frac{T_{r0}^{n} - T_{rr}^{n}}{\tau_a \varepsilon_0} + \frac{\varepsilon_r}{\varepsilon_0}T_{0r}^{n} + \left(1 - \frac{\varepsilon_r}{\varepsilon_0}\right)T_{u}^{n}\right]^{\frac{1}{n}} \tag{3.26}$$

若参考体表面和目标表面有相同的发射率,则

$$T_{00} = \left(\frac{T_{r0}^{n} - T_{rr}^{n}}{\tau_a \varepsilon_0} + T_{0r}^{n}\right)^{\frac{1}{n}} \tag{3.27}$$

若 $\tau_a = 1$,$\varepsilon_0 = 1$,则

$$T_{00} = (T_{r0}^{n} - T_{rr}^{n} + T_{0r}^{n})^{\frac{1}{n}} \tag{3.28}$$

3.3.3　双波段测温法

在温度的直接测量中,由于物体的温度和发射率两个量未知,必须首先测出发射率才能计算目标的温度。例如,利用工作在两个波段的热像仪测量目标的辐射温度,也可用双波段测温法[19]同时算出目标发射率和真实温度。对工作在

2～5μm 和 8～13μm 的红外热像仪测量的辐射温度分别为

$$T_{r1}^{n_1} = \varepsilon T_0^{n_1} + (1-\varepsilon) T_u^{n_1} \tag{3.29}$$

$$T_{r2}^{n_2} = \varepsilon T_0^{n_2} + (1-\varepsilon) T_u^{n_2} \tag{3.30}$$

在红外测温的波段，对大多数固体材料发射率随波长的变化不明显[19]，因此对灰体，可假设在两个相近的波段上的发射率近似相等。在以上两个方程中，由于已知 T_{r1}，T_{r2} 和 T_u，可解出 T_0 和 ε。对非灰体，要建立不同波段间发射率的关系，才能同时解出目标的温度和发射率。

3.4　物体发射率测量方法

1988 年，Johnson 和 Barry 等给出了双参考体方法、双温度方法和双背景方法这三种测量物体发射率的方法，用这三种方法测量给定材料的发射率，其误差小于 2%[34]。1999 年，昆明物理研究所的丁黎梅等阐述了物质发射率的一种测量方法——间接测量法的原理及应用。该方法是一种简单、实用的测量法，值得在实践中推广应用[35]。2001 年，杨立等根据红外辐射理论，通过分析红外热像仪辐射测量的基本原理，得到了由红外热像仪测量物体表面温度计算被测表面发射率的计算公式，给出了估计表面辐射率误差的计算公式，介绍了几种测量发射率的有效方法[36]。此外，国内外很多学者和研究机构也对发射率测量及其对测温的影响进行了相关研究（见参考文献[37～47]）。

由式(3.18)可得

$$\varepsilon = \frac{(T_r^n - \varepsilon_a T_a^n)/\tau_a - (1-\alpha) T_u^n}{T_0^n} = \left[\left(\frac{T_r}{T_0}\right)^n - \varepsilon_a \left(\frac{T_a}{T_0}\right)^n\right]\tau_a^{-1} - (1-\alpha)\left(\frac{T_u}{T_0}\right)^n \tag{3.31}$$

当使用不同波段热像仪时，n 的取值是不同的。

对近距测量，$\tau_a=1$，且 $\varepsilon_a=0$，当被测表面满足灰体近似时，$\varepsilon=\alpha$，则式(3.31)变为

$$\varepsilon = \left[\left(\frac{T_r}{T_0}\right)^n - \left(\frac{T_u}{T_0}\right)^n\right]\left[1 - \left(\frac{T_u}{T_0}\right)^n\right]^{-1} \tag{3.32}$$

式中，T_r 为热像仪指示的辐射温度；T_u 为环境温度；T_0 为被测表面的真实温度。这是人们经常用来计算表面发射率的公式[14]。

当被测表面温度很高时，T_u/T_0 很小，则式(3.32)简化为

$$\varepsilon \approx \left(\frac{T_r}{T_0}\right)^n \tag{3.33}$$

这就是类似文献[48]中的计算公式。但要注意公式中 n 的取值。文献[48]中，$n=4$，它适合用长波(8～13μm)热像仪和全辐射高温计[49]进行发射率测量。

3.4.1 利用热像仪测量表面发射率的误差分析

对式(3.31)微分可得

$$\frac{d\varepsilon}{\varepsilon} = \frac{nT_r^n\frac{dT_r}{T_r} - n\varepsilon_a T_a^n \frac{dT_a}{T_a} - T_a^n d\varepsilon_a - (T_r^n - \varepsilon_a T_a^n)\frac{d\tau_o}{\tau_o} - \tau_a(1-\alpha)nT_u^n\frac{dT_u}{T_u} + T_u^n d\alpha}{T_r^n - \varepsilon_a T_r^n - \tau_a(1-\alpha)T_r^n} - n\frac{dT_0}{T_0} \tag{3.34}$$

可见，用热像仪测量物体表面发射率时，其误差受到 T_r、T_a、T_u、T_0、ε_a、τ_a 和 α 的测量误差的影响。如果能准确得到上述各量的测量误差，就可用式(3.34)算出表面发射率的误差。

当被测表面可认为是灰体时，$\varepsilon=\alpha$，对近距测量，$\tau_a=1$ 且 $\varepsilon_a=0$，则式(3.34)简化为

$$\frac{d\varepsilon}{\varepsilon} = \left(nT_r\frac{dT_r}{T_r} - nT_u^n\frac{dT_u}{T_u}\right)(T_r^n - T_u^n)^{-1} - \left(nT_0^n\frac{dT_0}{T_0} - nT_u^n\frac{dT_u}{T_u}\right)(T_0^n - T_u^n)^{-1} \tag{3.35}$$

当被测体温度远高于环境温度时，T_u/T_0、T_u/T_r 很小可忽略，则式(3.35)简化为

$$\frac{d\varepsilon}{\varepsilon} = n\left(\frac{dT_r}{T_r} - \frac{dT_0}{T_0}\right) \tag{3.36}$$

3.4.2 几种测量发射率的方法

对满足灰体特性的一些非金属材料，测量物体表面发射率有两种简单的方法：一是用热电偶等测温元件和热像仪分别测出被测试件表面真实温度和辐射温度，代入式(3.32)或式(3.33)，就可计算出发射率；二是在被测表面涂上已知发射率的涂料，用热像仪测量出它的辐射温度，代入式(3.21)或式(3.22)，可计算出被测表面的真实温度。再用热像仪测量出未处理表面的辐射温度，将其真实温度和辐射温度再代入式(3.32)或式(3.33)，可计算出表面的发射率。

上述两种方法在实际发射率测量时，虽然操作简单，但测量误差较大，主要受到测量仪器的误差、背景温度和试件表面真实温度测量误差的影响。为了达到高精度的测量，可采用如下几种方法[34]。

1. 双参考体方法

这种方法是用一个黑体和一个高反射率的漫射板作为参考体，让被测试件保持与黑体温度相同，漫射板温度等于背景温度，分别用热像仪测量试件、黑体和漫射板的辐射能。由式(3.13)和式(3.16)知

$$\varepsilon_s = \frac{I_S(T) - I_R}{I_{BB}(T) - I_R} = \frac{T_r^n - T_u^n}{T_0^n - T_u^n} \tag{3.37}$$

式中，ε_s 为试件表面待测的发射率；I_S、I_{BB}、I_R 分别为热像仪测量的试件、黑体和漫射板输出的信号；T_r、T_0 和 T_u 为热像仪测量的试件、黑体和背景的温度。

2. 双温度方法

这种方法仅需一个已知发射率的参考体。被测试件和参考体保持相同的温度，在两个不同的温度 T_1 和 T_2 时，同时用热像仪测量它们的辐射能。实现这一方法有许多途径，最简单的一种是在试件上涂一小块已知发射率的涂料。当温度为 T_2 时，用热像仪测量试件和涂料的辐射量，热像仪输出的信号分别为 $I_S(T_2)$和 $I_R(T_2)$，对应的辐射温度分别为 T_{s2}和 T_{r2}。当温度为 T_1 时，用热像仪测量试件和涂料的辐射量，热像仪输出的信号分别为 $I_S(T_1)$和 $I_R(T_1)$，对应的辐射温度分别为 T_{s1}和 T_{r1}。由式(3.13)可得

$$\varepsilon_s = \frac{I_S(T_2) - I_S(T_1)}{I_R(T_2) - I_R(T_1)} = \varepsilon_r \frac{T_{s2}^n - T_{s1}^n}{T_{r2}^n - T_{r1}^n} \tag{3.38}$$

式中，ε_r 为参考体(涂料)的发射率。

3. 双背景方法

在某些测量条件下，当不能改变被测体温度时，可采用双背景方法。这种方法是在两种不同背景温度 T_{BG1}和 T_{BG2}下进行，试件和参考体在两次测量中保持温度不变。当 $\tau_a=1$ 时，由式(3.13)可得

$$\begin{aligned}\varepsilon_s &= 1 - (1 - \varepsilon_r)\frac{I_S(T_{BG2}) - I_S(T_{BG1})}{I_R(T_{BG2}) - I_R(T_{BG1})} \\ &= 1 - (1 - \varepsilon_r)\frac{T_{s2}^n - T_{s1}^n}{T_{r2}^n - T_{r1}^n}\end{aligned} \tag{3.39}$$

式中，ε_r 为参考体表面发射率(已知)；T_{s1}、T_{r1} 和 T_{s2}、T_{r2} 分别为在第一种和第二种背景条件下热像仪测量的试件和参考体表面的辐射温度。

上述三种方法在测量过程中，有效地消除了因测量背景和目标真实温度产生的误差而影响发射率的测量误差，三种方法测量出的一种给定材料发射率误

差小于±0.02[34]。

参考文献

[1] 陈衡,侯善敬. 电力设备故障红外诊断[M]. 北京:中国电力出版社,1999.

[2] Martinez V M,周贤全. 用红外测温法对柴油机进行故障检测[J]. 国外机车车辆工艺,2003,4.

[3] 王格芳,谭业双,王利众,等. 印刷电路板红外诊断仪[J]. 仪器仪表学报,2001,22(4),增刊.

[4] 李晓刚,付冬梅. 红外热像检测与诊断技术[M]. 北京:中国电力出版社,2006.

[5] Planas-Cuchi E,Chatris J M,Lopez C,et al. Determination of flame emissivity in hydrocarbon pool fires using infrared thermography[J]. Fire Technology,2003,39:261—273.

[6] Maldague X. Theory and Practice of Infrared Technology for Nondestructive Testing[M]. New York:John Wiley Interscience,2001.

[7] Vollmer M,Mollmann K P. Infrared Thermal Imaging,Fundamental,Research and Applications[M]. Weinheim:Wiley-VCH Verlag GmbH & Co,2010.

[8] Leong H C. Imaging and reflectance spectroscopy for the evaluation of effective camouflage in the SWIR[D]. Naval Postgraduate School,Monterey,California,2007.

[9] 斯达尔 K,缪斯卡 G. 红外技术[M]. 石定河,王桂群译. 武汉:华中工学院出版社,1982.

[10] Carr J. AGA Thermovision782 Operating Manual[M]. England: AGA Infrared Systems AB,1979.

[11] 张才根. 常温物体表面真实温度的亮度法测量[J]. 物理学报,1982,31(9):1191—1197.

[12] 张才根,张幼文. 环境辐射对目标热物理特性测试的影响[J]. 物理学报,1981,30(7):953—961.

[13] Ulrickson M. Surface thermography [J]. American Vacuum Society,1986,4(3):1805—1809.

[14] Inagaki T,Okamoto Y. Surface temperature measurement near ambient conditions using infrared radiometers with different detection wavelength bands by applying a grey-body approximation estimation of radiative properties for non-metal surfaces [J]. NDT&E International,1996,29(6):363—369.

[15] Inagaki T,Okamoto Y. Surface temperature measurement using infrared radiometer by applying a pseudo-grey-body approximation: Estimation of radiative properties for metal surface[J]. Journal of Heat Transfer,1996,118:73—78.

[16] 杨立. 红外热像仪测温计算与误差分析[J]. 红外技术,1999,21(4):20—24.

[17] 寇蔚,杨立. 热测量中误差的影响因素分析[J]. 红外技术,2001,23(3):32—34.

[18] Pokorni S. Error analysis of surface temperature measurement by infrared sensor[J]. International Journal of Infrared and Millimeter Waves,2004,25(10):1523—1533.

[19] Gaussorgue G. Infrared Thermography[M]. London:Chapman & Hall,1994:26—36.

[20] Okamoto Y, Inagaki T, Sekiya M. Surface temperature measurement using infrared radiometer(1st report, radiosity coefficient and radiation temperature)[J]. Trans Jpn Soc Mech Eng Ser B, 1993, 568(59): 232—237.

[21] 胡瑞华,奕松,孙宁克. 非接触测温的辐射测温法[J]. 大连轻工业学院学报, 1997, 6(1): 88—90.

[22] 孙鹏. 红外测温物理模型的建立及论证[D]. 长春:吉林大学, 2007.

[23] 张奕轩,孔学东. 提高 InfraScopeII 红外热像仪测温精确性探讨[J]. 试验设备与测试分析仪器, 2003, 24(5): 43—47.

[24] 陈鹏飞,胡运彪. 提高红外测温仪的测量准确度[J]. 石油化工应用, 2002, 2: 45—47.

[25] 孙志远,李清安,乔彦峰,等. 提高红外测温系统测温精度的研究[J]. 仪器仪表学报, 2006, 27(6): 67—69.

[26] 刘慧开,杨立. 红外热像仪的最大测温误差分析[J]. 热科学与技术, 2002, 1(2): 169—172.

[27] 张幼文,张才根. 用红外测温仪测定常温物体的比辐射率和辐射温度[J]. 物理学报, 1980, 29(7): 829—835.

[28] 包学诚,刘健,张幼文,等. 提高红外测温精度的分析研究[J]. 计量学报, 1990, 11(3): 195—198.

[29] 程晓舫,王安全,符泰然. 表面辐射测温方法的设计原理[J]. 光谱学与光谱分析, 2003, 23(2): 232—235.

[30] 刘慧开,杨立. 太阳辐射对红外热像仪测温误差的影响[J]. 红外技术, 2002, 24(1): 34—37.

[31] 张健,杨立,刘慧开. 环境高温物体对红外热像仪测温误差的影响[J]. 红外技术, 2005, 27(5): 419—422.

[32] 张建奇,方小平. 红外物理[M]. 西安:西安电子科技大学出版社, 2004: 1—47.

[33] Jacobs P A. 地面目标和背景的热红外特征[M]. 吴文健等译. 北京:国防工业出版社, 2004.

[34] Barry J R, et al. On the validity and techniques of temperature and emissivity measurements [J]. SPIE, 1988, 934: 202—206.

[35] 丁黎梅,段利民,朱春才. 物质发射率的间接测量法[J]. 红外技术, 1999, 21(5): 33—35.

[36] 杨立,寇蔚,刘慧开,等. 热像仪测量物体表面辐射率及误差分析[J]. 激光与红外, 2002, 32(1): 43—45.

[37] Madding R P. Emissivity measurement and temperature correction accuracy considerations [J]. SPIE, 1999, 3700: 393—401.

[38] Ibos L, Marchetti M, Boudenne A, et al. Infrared emissivity measurement device: principle and applications [J]. Measurement Science and Technology, 2006, 17: 2950—2956.

[39] Mazikowski A. Non-contact multiband emissivity measurements [C]. SPIE, 2003, 5124: 240—243.

[40] Especel D, Mattel S. Total emissivity measurement without use of an absolute reference [J]. Infrared Physics & Technology, 1996, 37: 777—784.

[41] 侯成刚，张广明，赵玥涛，等. 用红外热成像技术精确测定物体发射率[J]. 红外与毫米波学报，1997，16(3)：193—198.

[42] 马强，王宝山. 辐射率变化对测温精度的影响及误差分析[J]. 吉林化工学院学报，2006，23(3)：71—73.

[43] 邢春芳，李瑞芬. 辐射测温中发射率的补偿方法探讨[J]. 计量技术，1999，7：19，20.

[44] 齐文娟. 发射率对红外测温精度的影响[D]. 长春：长春理工大学，2006.

[45] 张才根，刘健，包学诚. 红外测温仪仅作比辐射率校正时的误差分析和实验研究[J]. 红外研究，1989，8(6)：435—440.

[46] 刘健，包学诚，张才根，等. 比辐射率现场测试方法的理论和实验研究[J]. 计量学报，1993，14(4)：286—289.

[47] 施德恒，陈玉科. 高温物体比辐射率及温度测量系统[J]. 光学技术，1999，6：59—64.

[48] 虞和济，宋利明. 故障诊断的热像技术[M]. 北京：冶金工业出版社，1992.

[49] 朱德忠. 热物理测量技术[M]. 北京：机械工业出版社，1998.

第 4 章　红外成像测温误差分析与修正方法

红外温度测量的准确性受到被测表面的发射率、反射率(或吸收率)、大气透射率、大气发射率、大气温度、环境温度及附近高温物体的影响[1~7]。因此,在进行设备运行状态的红外检测和物体温度测量时,必须考虑各种因素对测温准确性的影响。本章将主要介绍红外辐射测温误差计算原理和各种影响因素的修正计算,为红外热像仪准确测温提供理论基础和使用方法。

美国 Fluke 公司设计生产的 Ti30 热像仪设有反射温度补偿(RTC)功能,通过设置或更改反射温度补偿功能来达到补偿被测物体周围高温物体对测温的影响,从而提高了测温的准确性[8]。2002 年,刘慧开分析了太阳辐射对红外热像仪测温的影响[3]。2004 年,张健考虑了被测物体附近高温物体温度、位置和被测物体对附近高温物体吸收率的影响,得出了上述因素对被测物体真实温度和测温误差影响的理论计算公式,分析了这些因素对热像仪测温误差的影响程度,并给出了减小误差的对策[5]。2007 年,许猛等针对环境辐射对红外测温的影响进行了分析[9]。

2002 年,范春利根据红外辐射理论和热像仪测温原理,给出了热探测器非制冷红外热像仪的温度计算公式,针对热探测器热像仪,分析了探头温度对红外热像仪测量结果的影响[10],并指出在使用非制冷红外热像仪时,事先应按温度变化关系做出其标定曲线(在计算机的辅助下,这种工作是可能的)。2003 年,施德恒等讨论了反射辐射和探测器本身的辐射对系统测温精度的影响,提出了抑制反射辐射及探测器本身的辐射对测温精度影响的四种措施:①采用水冷遮蔽板并对探测器进行水冷;②尽可能地使探头正对待测物体表面;③选择合适的仪器工作波长带宽;④进行电气补偿[11]。

目前,虽然对红外热像仪测温准确性和补偿修正方法有一定的研究,但其系统性和深入性还有待继续发展和完善。对于建立准确而实用的红外测温的数学模型,从测温原理上进行补偿和修正的方法还需要进一步的研究。特别是用实验的方法来进行补偿修正的有效性和实用性的验证与分析还有待更深入的研究。

4.1　红外测温误差计算分析

对式(3.20)微分可得

$$\frac{\mathrm{d}T_0}{T_0}=\frac{1}{n\varepsilon T_0^n}\left\{-\left[\varepsilon(-T_0^n+T_u^n)\right]\frac{\mathrm{d}\varepsilon}{\varepsilon}+\left[T_a^n-\varepsilon T_0^n-(1-\varepsilon)T_u^n\right]\frac{\mathrm{d}\tau_a}{\tau_a}\right.$$
$$\left.-\left(\frac{1}{\tau_a}-1\right)nT_a^n\frac{\mathrm{d}T_a}{T_a}-(1-\varepsilon)nT_u^n\frac{\mathrm{d}T_u}{T_u}+\frac{n}{\tau_a}T_r^n\frac{\mathrm{d}T_r}{T_r}\right\} \tag{4.1}$$

当上式的各项符号相同时，可得最大测量误差

$$\left|\frac{\mathrm{d}T_0}{T_0}\right|=\frac{1}{n\varepsilon T_0^n}\left\{\left|-\left[\varepsilon(-T_0^n+T_u^n)\right]\frac{\mathrm{d}\varepsilon}{\varepsilon}\right|+\left|\left[T_a^n-\varepsilon T_0^n-(1-\varepsilon)T_u^n\right]\frac{\mathrm{d}\tau_a}{\tau_a}\right|\right.$$
$$\left.+\left|-\left(\frac{1}{\tau_a}-1\right)nT_a^n\frac{\mathrm{d}T_a}{T_a}\right|+\left|-(1-\varepsilon)nT_u^n\frac{\mathrm{d}T_u}{T_u}\right|+\left|\frac{n}{\tau_a}T_r^n\frac{\mathrm{d}T_r}{T_r}\right|\right\} \tag{4.2}$$

由式(4.2)可见，对灰体目标，由热像仪测得的辐射温度 T_r 计算出的目标真实温度 T_0 的误差将受到被测表面的发射率、大气透射率、辐射温度、环境温度、大气温度的误差的影响。

当在实验室内或近距离测温时，通常忽略大气透射率的影响，即认为大气透射率 $\tau_a=1$，式(4.1)可简化为

$$\frac{\mathrm{d}T_0}{T_0}=\frac{1}{n\varepsilon}\left\{\left[-\left(\frac{T_r}{T_0}\right)^n+\left(\frac{T_u}{T_0}\right)^n\right]\frac{\mathrm{d}\varepsilon}{\varepsilon}-(1-\varepsilon)n\left(\frac{T_u}{T_0}\right)^n\frac{\mathrm{d}T_u}{T_u}+n\left(\frac{T_r}{T_0}\right)^n\frac{\mathrm{d}T_r}{T_r}\right\} \tag{4.3}$$

当被测物体温度 T_0 远远高于环境温度 T_u 时，T_u/T_0 很小可忽略，则式(4.3)可简化为

$$\frac{\mathrm{d}T_0}{T_0}=-\frac{1}{n}\frac{\mathrm{d}\varepsilon}{\varepsilon}+\frac{\mathrm{d}T_r}{T_r} \tag{4.4}$$

根据上面分析得出的误差计算公式(4.1)可知，属于窄谱辐射成像设备的热成像测温系统，容易受到被测表面的辐射率、大气透射率、测量温度、环境温度、大气温度等因素的影响；而且对工作在不同波段的红外热像仪影响程度也不一样。本节将分析各因素对工作在 8～13μm 和 2～5μm 波段的红外热像仪的测温的影响，并根据理论计算公式分析各因素误差对测温误差的影响程度。

4.1.1　被测物体表面发射率的影响

图 4.1 给出了当发射率误差确定时不同的物体发射率对测温误差的影响。由图 4.1 可以看出，对于发射率确定不准(发射率误差均为 20%)时造成的误差，短波热像仪的比长波热像仪的小，短波热像仪误差为 5.8%～6.2%，而长波热像仪误差大约为 12.3%～15.4%；随着物体表面发射率的减小，测温误差增大。

图 4.2 给出了物体表面真实温度的最大误差随发射率误差的变化情况。由图 4.2 可以看出，对工作在 8～13μm 波段的长波热像仪，由辐射温度计算出来

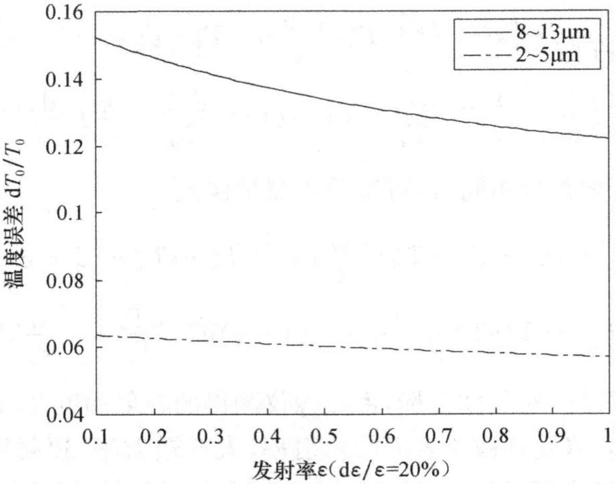

图 4.1　测温误差随物体发射率 ε 的变化

的表面真实温度的最大误差比工作在 2～5μm 波段的短波热像仪的要大，而且这种差距在发射率误差越大时越明显。比如，发射率误差为 50%时，长波热像仪真实温度的最大误差为 12%，而短波热像仪真实温度的最大误差为 4.8%，两者相差 7.2%；发射率误差为 20%时，长波热像仪真实温度的最大误差为 5.1%，而短波热像仪真实温度的最大误差为 1.0%，两者相差 4.1%。

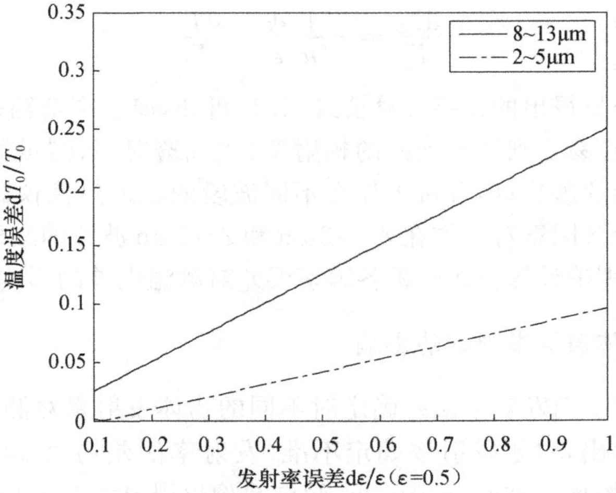

图 4.2　最大温度误差随发射率误差的变化

由图 4.1 和图 4.2 可以看出，物体表面发射率和发射率误差对真实温度的误差都有较大影响，通过对比分析可知两者对 8～13μm 工作波段的热像仪的影响更大。

一个物体的发射率与它的材料、形状、表面粗糙度、氧化程度、颜色、厚度等有关，并且在不同的温度和波长有不同的值，这些因素是红外热成像仪器现场应用的主要测量误差来源。比如，绝大多数的非金属材料，特别是金属的氧化物，它们的红外发射率都很高；而绝大多数的纯金属的红外发射率都很低。物体表面粗糙不平时，它的反射率必定大大降低，而发射率提高，尤其是金属材料，其表面粗糙度对发射率的影响很大。

发射率还与测试方向有关，尤其被测物体为光洁表面时，方向性更为敏感，为了准确测量物体的真实温度，当被测物体的发射率小于 0.9 时，测温仪最好垂直于被测物体表面，至少应使测量方向与被测物体表面的法线方向保持在 30°之内，任何情况下不要超过 45°，否则，应对发射率做进一步的修正。

在发射率的测量过程中，为了有效消除测量背景和目标真实温度产生的误差而影响发射率的测量误差，常采用双参考体法、双温度法、双背景法测量发射率，这样误差可控制在±2%以内。

4.1.2 被测物体表面吸收率误差的影响

当物体为灰体，即 $\varepsilon=\alpha$ 时，被测物体表面吸收率误差的影响与被测物体表面辐射率的影响是一样的，见图 4.2。需要指出的是，有很多物体不能简单地看做灰体，就是 $\varepsilon\neq\alpha$，尤其是在一些特定的波长，$\varepsilon_\lambda<\alpha_\lambda$，比如物体对太阳辐射的吸收，它吸收的热量也远大于发射的热量，这也可能造成相当大的误差，这时 α 和 ε 就必须分开讨论。

4.1.3 大气透射率误差的影响

由于大气的吸收和散射使到达热像仪的红外辐射能量衰减，引起透射率的降低。在地表附近的大气中，吸收红外线的气体主要是水蒸气和二氧化碳。大气吸收程度随大气湿度变化，被测物体的距离越远，大气透射率对测温误差的影响就越大。同时仪器至物体的距离与仪器定标的距离不同，对大气衰减作补偿的任何红外热像仪的精度都会受到影响。辐射能量在大气吸收中的衰减程度可由大气模式补偿，此模式可计算出大气的吸收程度与物体距离、相对湿度及大气温度的对应关系，但目前大多仪器没有作此补偿，以致造成误差。

另外大气中的尘埃及悬浮粒子的散射作用，使红外辐射偏离了原来的传播方向和偏振度，这也是造成透射率的降低的主要原因，从而影响测温的准确性。

图 4.3 表示其他影响因素不变时，测温误差随大气透射率误差的变化情况。由图 4.3 可以看出，测温误差随着大气透射率误差的增大而增大。对于大气吸

收率误差对测温误差的影响程度，短波热像仪比长波热像仪小，而且这种差距随大气透射率误差的增大而增大。大气透射率误差在 0～20%变化时，短波热像仪误差为 4.3%～6.7%；而长波热像仪误差为 7.33%～14.0%，可见大气透射率误差对温度误差的影响是很大的，在测温过程中一定要准确测定、预设大气透射率，尤其是对于长波热像仪更应注意。

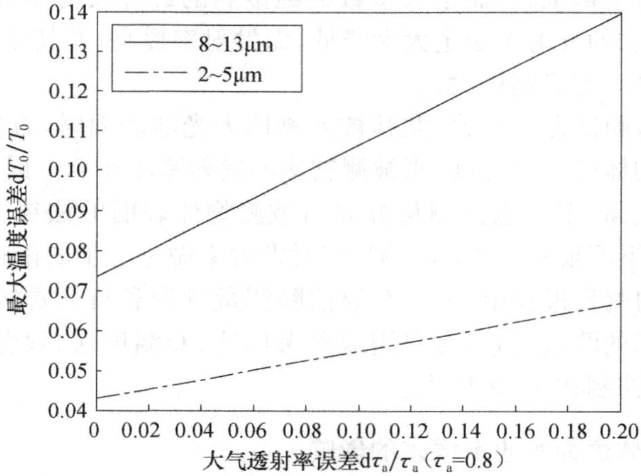

图 4.3　最大温度误差随大气透射率误差变化

4.1.4　大气发射率误差的影响

由图 4.4 可以看出，大气发射率误差在 0～20%变化时，短波热像仪误差为

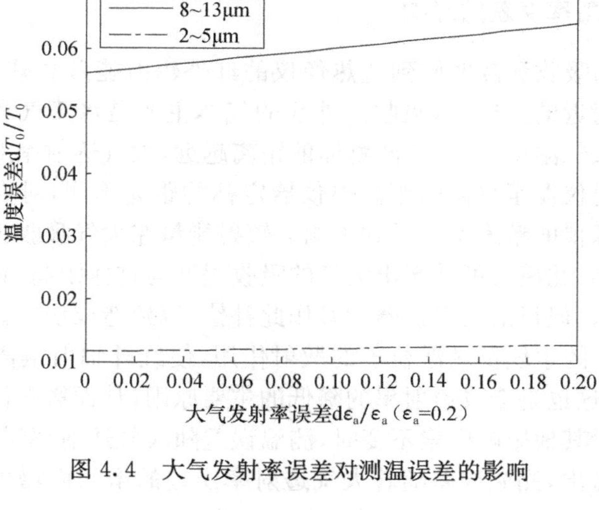

图 4.4　大气发射率误差对测温误差的影响

1.16%～1.4%，基本保持不变；而长波热像仪误差为 5.6%～6.4%。

4.1.5　大气温度误差的影响

大气温度对测温误差的影响如图 4.5 所示。由图 4.5 可以看出，随着大气温度误差的变化，真实温度误差基本保持不变，在计算过程中分别加以修正即可，在此不做进一步的讨论。

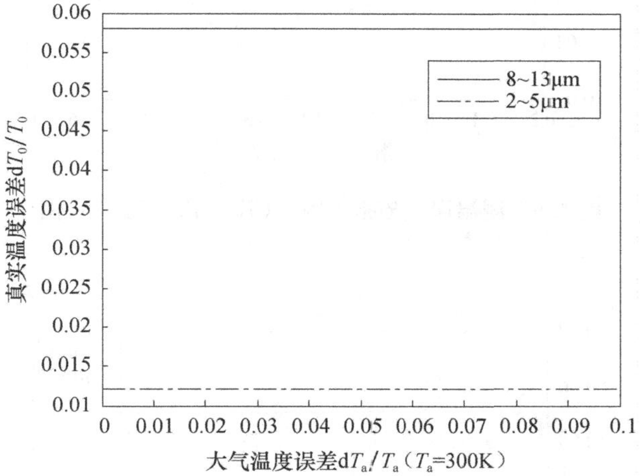

图 4.5　测温误差随大气温度的变化

4.1.6　环境温度误差的影响

从式(4.1)可看出，测温误差是各项误差的一个线性组合，但是当环境温度 T_u 与被测物体本身温度 T_0 相差较大时，环境温度对测温误差也有较大影响。定义一个指示因子 $(T_0-T_u)/T_0$ 来反映环境温度对测温误差的影响。图 4.6 表示当指示因子 $(T_0-T_u)/T_0$ 变化时测温误差的变化趋势。由图可以看出，当环境温度比被测物体的温度高时，会带来较大的测温误差，而当环境温度比被测物体的温度低时，会有较高的测温精度。

4.1.7　辐射温度的影响

由于大多数红外热像仪辐射温度的精度大约为±2%，根据此精度可计算出辐射温度对真实温度误差的影响。由图 4.7 可以看出，只要被测物体温度在红外测温仪器的测量范围之内，实际辐射温度的高低对真实温度误差的影响不大，且基本保持不变，在计算时加以修正即可。

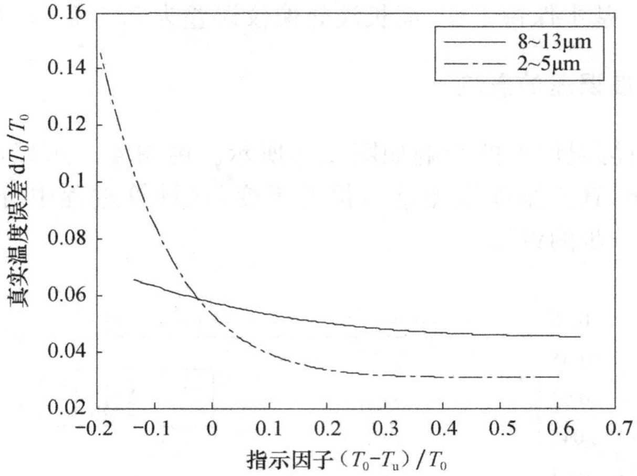

图 4.6　测温误差随指示因子$(T_0-T_u)/T_0$的变化

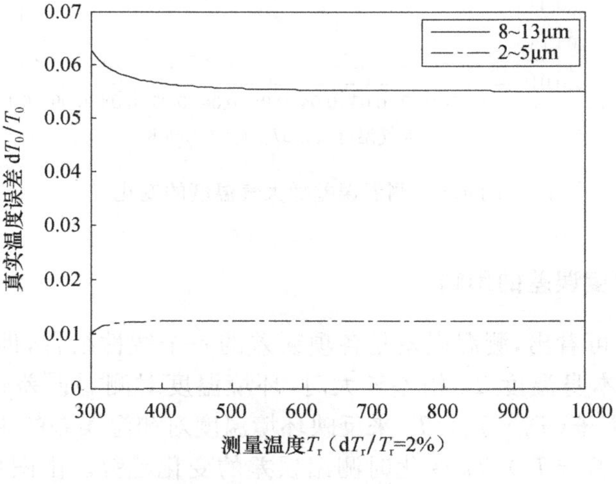

图 4.7　辐射温度对真实温度误差的影响

4.2　探测器温度对非制冷微测辐射热计热像仪测温的影响与修正

由于非制冷红外热像仪具有无需制冷、低价位、高性能、体积小及操作简便等优点，因而在军事、工业、医学等领域中具有广泛的应用前景[12]。非制冷微测辐射热计阵列红外热像仪是其中的典型代表,其无需调制盘,因而得到了广泛的应用。然而,由于非制冷微测辐射热计无制冷装置,工作于环境温度时,探测器的温度会随着吸收红外辐射的增加而升高,这将对测温产生一定的影响[13]。为了提高非制冷微测辐射热计阵列红外热像仪的测温精度,需要分析探测器温度对测温的影响并进行修正。本节根据红外热辐射理论和红外热像仪的测温原理,得到了红外热像仪测温的计算公式及测温程序,分析了非制冷微测辐射热计的温度对测温的影响,得出了相应的修正公式和修正方法,并进行了实验验证。

4.2.1 非制冷微测辐射热计热像仪测温原理与计算

由式(3.10)可知,当被测物体表面满足灰体近似时(在红外测量中,一般把实际物体视为灰体),与红外探测器接收到的辐射功率相对应的信号电压为

$$V_s = K\{\tau_a[\varepsilon I_R(T_0) + (1-\varepsilon)I_R(T_u)] + (1-\tau_a)I_R(T_a)\} \tag{4.5}$$

令 $KI_R(T)=V(T)$,则式(4.5)变形为

$$V_s = \tau_a[\varepsilon V(T_0) + (1-\varepsilon)V(T_u)] + (1-\tau_a)V(T_a) \tag{4.6}$$

若用 G_t 表示所产生的对应数字图像的灰度级,则[13]

$$G_t = K_1 V_s + K_2 \tag{4.7}$$

式中,K_1 和 K_2 分别为热像仪的系统增益和补偿。

根据式(4.6)和式(4.7),经过推导可得

$$G_t = \tau_a[\varepsilon G(T_0) + (1-\varepsilon)G(T_u)] + (1-\tau_a)G(T_a) \tag{4.8}$$

将式(4.8)变形,可得

$$G(T_0) = \frac{1}{\varepsilon\tau_a}G_t - \frac{1-\varepsilon}{\varepsilon}G(T_u) - \frac{1-\tau_a}{\varepsilon\tau_a}G(T_a) \tag{4.9}$$

式(4.9)即为热像仪进行测温计算的公式。当近距离测温时,通常可忽略大气衰减的影响,即认为大气透射率 $\tau_a=1$,则式(4.9)可简化为

$$G(T_0) = \frac{1}{\varepsilon\tau_a}G_t - \frac{1-\varepsilon}{\varepsilon}G(T_u) \tag{4.10}$$

式(4.10)与文献[14]所使用的公式相同,即该式为热像仪近距离测温时进行计算所使用的公式。其测温的程序为[14]:热像仪输入(或测得的)环境温度 T_u,由灰度与温度之间的关系(热像仪中存储)得到环境温度对应的灰度值 $G(T_u)$;再由测得的 G_t 和输入的 ε 根据式(4.10)得到被测物体表面温度的灰度值 $G(T_0)$;最后根据灰度与温度之间的关系由 $G(T_0)$ 得到物体真实温度 T_0,并把它显示在热像仪的显示屏上。

4.2.2　探测器温度对测温的影响

探测器吸收红外辐射后温度升高，所以探测器温度将对测温产生一定的影响。探测器温度对测温的影响是通过探测器的响应度来体现的。根据参考文献[15]，其响应度为

$$\mathscr{R}_{\mathrm{v}}=V_{\mathrm{b}}\frac{RR_{\mathrm{L}}\alpha}{(R+R_{\mathrm{L}})^2}\frac{1}{g}\frac{1}{1+\beta\dfrac{R-R_{\mathrm{L}}}{R+R_{\mathrm{L}}}} \tag{4.11}$$

式中，V_{b} 为偏置电压；R_{L} 为负载电阻；g 为微测辐射热计的热导；α 为电阻温度系数；β 为热电参数，$\beta=\alpha\,\mathrm{d}T$；$\mathrm{d}T$ 为探测器温度的增加值；R 为微测辐射热计的电阻，与探测器的温度有关，可记为 $R(T)$。各参数之间的关系可以通过偏置电路的等效电路图来说明，如图 4.8 所示。

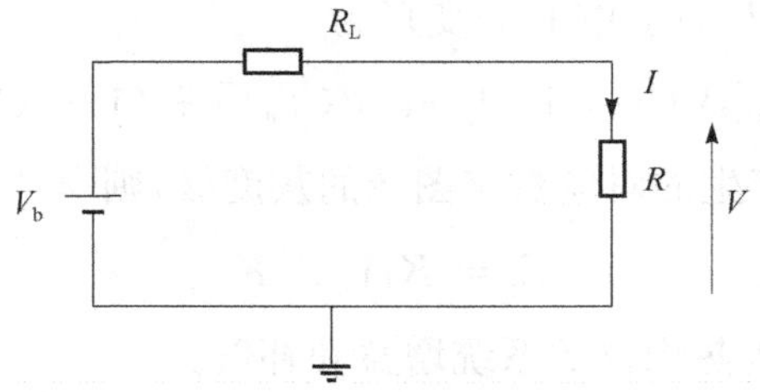

图 4.8　偏置电路的等效电路图

由于 $\alpha,\beta,R(T)$ 是温度的函数，故探测器温度的变化会引起 $\alpha,\beta,R(T)$ 的变化，使响应度 $\mathscr{R}_{\mathrm{v}}$ 发生改变。

式(4.9)、式(4.10)及其相应的测温程序由于将探测器的响应度视为常值，没有考虑探测器温度变化对测温的影响，必然会使测量结果产生误差，因此必须对其进行修正。

4.2.3　修正原理及方法

1. 修正原理

假设探测元封装在真空管壳中，不考虑热量在微测辐射热计阵列的探测元之间的横向流逸，在脉冲偏置下，探测元的热平衡方程为

$$C\frac{\mathrm{d}T}{\mathrm{d}t}=IV+Q-g(T-T_{\mathrm{s}}) \tag{4.12}$$

其中

$$V = V_b \frac{R(T)}{R(T) + R_L} \tag{4.13}$$

$$I = \frac{V_b}{R(T) + R_L} \tag{4.14}$$

式中,C 为探测元的热容;g 为探测元的总热导;T_s 为衬底温度;T 为探测元的温度;Q 为探测元的吸收净辐射功率。微测辐射热计探测器物理原理图如图 4.9 所示。

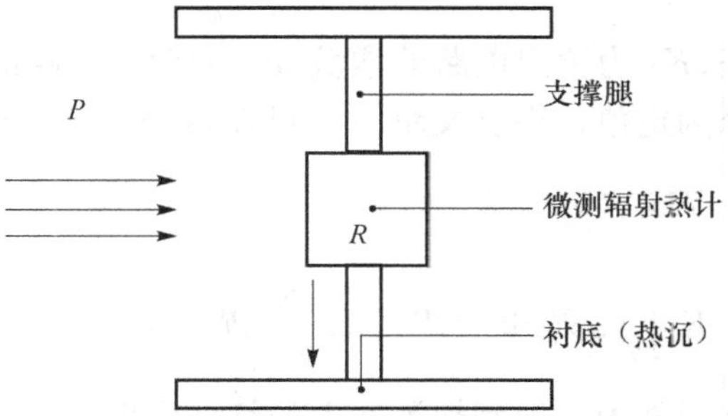

图 4.9　微测辐射热计探测器物理原理图

联立式(4.12)～式(4.14),可得探测元温度的变化为

$$\mathrm{d}T = \frac{1}{C}\left[\frac{V_b^2 R(T)}{(R(T) + R_L)^2} + Q - g(T - T_s)\right]\mathrm{d}t \tag{4.15}$$

式中,V_b 为偏置电压;C 为热容;g 为热导,对于特定的热像仪是常数。非制冷微测辐射热计采用热电制冷/加热器来调节衬底温度 T_s,使其温度保持恒定[16]。所以影响探测元温度变化的主要因素是探测元吸收的净辐射功率 Q 和时间 $\mathrm{d}t$。

探测元吸收的净辐射功率 Q 为

$$Q = \alpha_e P + \alpha_e P_s - 2A\varepsilon_e \sigma T^4 \tag{4.16}$$

式中,α_e 为探测元对红外辐射的吸收率;ε_e 为探测元的表面发射率;P 为入射到探测元上的红外辐射功率;P_s 为单位时间内所产生的基底辐射热;A 为探测元的面积;σ 为斯特藩-玻尔兹曼常数。对于特定的红外热像仪,A、T_s 为常数。P_s 仅与 T_s 有关,故也是常数。α_e、ε_e 与探测元的温度有关。所以影响 Q 的因素主要是入射到探测元上的红外辐射功率 P 和探测元的工作温度 T。

综合以上的分析可知,影响探测元温度的主要因素是入射到探测元上的红外辐射功率 P 和时间 $\mathrm{d}t$。探测器的响应度$\mathcal{R}_v$主要受探测器温度的影响,故而影响$\mathcal{R}_v$的因素是入射到探测元上的红外辐射功率 P 和时间 $\mathrm{d}t$。可把$\mathcal{R}_v$记为$\mathcal{R}_v(P, \mathrm{d}t)$。

令 $P_d = \alpha_e P_s - 2A\varepsilon_e\sigma T^4$，则探测器的输出电压为

$$V_s' = \mathfrak{R}_v Q = \mathfrak{R}_v(\alpha_e P + P_d) \tag{4.17}$$

热像仪外部成像电路通常对信号电压或电流积分，因此性能值在偏置脉冲范围内平均[15]。探测器输出电压在经过读出电路后，其输出的直流电压为

$$\begin{aligned} V &= K_3\int_0^{t_{\text{int}}} V_s' \mathrm{d}t + K_4 = K_3\int_0^{t_{\text{int}}} \mathfrak{R}_v(\alpha_e P + P_d)\mathrm{d}t + K_4 \\ &= K_3\int_0^{t_{\text{int}}} \alpha_e P\mathfrak{R}_v \mathrm{d}t + K_3\int_0^{t_{\text{int}}} \mathfrak{R}_v P_d \mathrm{d}t + K_4 \end{aligned} \tag{4.18}$$

式中，t_{int}为积分时间；K_3 为读出电路的增益；K_4 为读出电路的补偿；K_3 和 K_4 都由电路本身决定，都为定值。根据文献[17]可知，积分时间小于偏置脉冲的作用时间。

令

$$K_3\int_0^{t_{\text{int}}} \alpha_e \mathfrak{R}_v \mathrm{d}t = \mathfrak{R} \quad K_3\int_0^{t_{\text{int}}} \mathfrak{R}_v P_d \mathrm{d}t = V_d \tag{4.19}$$

可知$\mathfrak{R}$ 和 V_d 的影响因素为入射到探测元上的红外辐射功率 P。

令 $\int_{\Delta\lambda} L_{b\lambda}(T)\mathrm{d}\lambda = I(T)$，它表示黑体辐射亮度在探测器接收波段上的积分，则式(4.18)变为

$$V = K\mathfrak{R}\{\tau_a[\varepsilon I(T_0) + (1-\varepsilon)I(T_u)] + (1-\tau_a)I(T_a)\} + V_d + K_4 \tag{4.20}$$

将式(4.20)代入式(4.7)，可得所对应数字图像的灰度级为

$$G_t' = K_1\{K\mathfrak{R}\{\tau_a[\varepsilon I(T_0) + (1-\varepsilon)I(T_u)] + (1-\tau_a)I(T_a)\} + V_d + K_4\} + K_2 \tag{4.21}$$

将实际入射到探测元上的红外辐射功率 P 等效为温度 T_r 的黑体入射到探测元上的红外辐射功率，则可得到

$$G_t' = K_1[K\mathfrak{R}(T_r)I(T_r) + V_d(T_r) + K_4] + K_2 \tag{4.22}$$

式中，由于$\mathfrak{R}(T_r)$和 $V_d(T_r)$由辐射温度 T_r 所决定，故灰度是辐射温度的函数。热像仪的灰度与辐射温度的关系可通过黑体来进行标定，将其制成拟合曲线或图表，再储存在热像仪的寄存器中。在实际使用中，由热像仪测得的灰度，根据寄存器中储存的灰度与黑体温度之间的关系，得到灰度对应的辐射温度。

根据灰度与温度之间的标定关系式(4.22)，式(4.21)可变形为

$$\mathfrak{R}(T_r)I(T_0) = \frac{1}{\varepsilon\tau_a}\mathfrak{R}(T_r)I(T_r) - \frac{1-\varepsilon}{\varepsilon}\mathfrak{R}(T_r)I(T_u) - \frac{1-\tau_a}{\varepsilon\tau_a}\mathfrak{R}(T_r)I(T_a) \tag{4.23}$$

由于 V_d 占总输出值的份额很小，故 V_d 的变化对总输出值的影响非常小，可以忽略 V_d 变化的影响。在不考虑 V_d 的变化的影响的情况下，根据灰度与温度之间的标定关系式(4.22)，式(4.9)可变形为

$$\mathscr{R}(T_0)I(T_0)=\frac{1}{\varepsilon\tau_a}\mathscr{R}(T_r)I(T_r)-\frac{1-\varepsilon}{\varepsilon}\mathscr{R}(T_u)I(T_u)-\frac{1-\tau_a}{\varepsilon\tau_a}\mathscr{R}(T_a)I(T_a) \tag{4.24}$$

式中，$\mathscr{R}(T_0)$，$\mathscr{R}(T_u)$，$\mathscr{R}(T_a)$分别为与 T_0、T_u、T_a 对应的值。

比较式(4.23)和式(4.24)，可知式(4.24)中的$\mathscr{R}(T_0)$、$\mathscr{R}(T_u)$、$\mathscr{R}(T_a)$与式(4.23)中的$\mathscr{R}(T_r)$不同。当被测物体是黑体且近距离测温时，式(4.23)和式(4.24)相等，这是因为此时测温不受环境辐射和大气辐射影响。若不考虑探测器温度对测温的影响，$\mathscr{R}(T_0)$、$\mathscr{R}(T_u)$、$\mathscr{R}(T_a)$等于$\mathscr{R}(T_r)$，则式(4.23)和式(4.24)相等。但是，由于实际物体不是黑体，应当考虑探测器温度对测温的影响，由于不同温度下，$\mathscr{R}(T_0)$、$\mathscr{R}(T_u)$、$\mathscr{R}(T_a)$与$\mathscr{R}(T_r)$不同，所以式(4.23)和式(4.24)不相等。

目前，人们采用式(4.9)在修正环境温度对测温的影响时由于没有考虑探测器温度对测温的影响，将$\mathscr{R}(T_0)$、$\mathscr{R}(T_u)$、$\mathscr{R}(T_a)$都视为等于$\mathscr{R}(T_r)$，这将会产生误差，必须对其进行修正。

根据式(4.23)得

$$I(T_r)=\tau_a[\varepsilon I(T_0)+(1-\varepsilon)I(T_u)]+(1-\tau_a)I(T_a) \tag{4.25}$$

则被测物体表面温度的计算式为

$$I(T_0)=\frac{1}{\varepsilon\tau_a}I(T_r)-\frac{1-\varepsilon}{\varepsilon}I(T_u)-\frac{1-\tau_a}{\varepsilon\tau_a}I(T_a) \tag{4.26}$$

当近距离测温时，通常可忽略大气衰减的影响，即认为大气透射率 $\tau_a=1$，则式(4.26)可简化为

$$I(T_0)=\frac{1}{\varepsilon}I(T_r)-\frac{1-\varepsilon}{\varepsilon}I(T_u) \tag{4.27}$$

因此，可由热像仪测得的辐射温度及测得的物体表面发射率、环境温度计算被测物体的温度。

式(4.26)和式(4.27)就是考虑了探测器温度对测温的影响后，测温修正的基本公式。

2. *修正方法*

由于现行的测温计算方法及相应的程序没有考虑探测器温度对测温的影响，将会产生一定的测温误差，故而需要对其进行修正。由式(4.26)和

式(4.27)可知，它们排除了探测器温度对测温的影响，故可用这两式来进行修正。

1) 对热像仪的温度计算程序进行修正

此修正方法需要对热像仪的内部电路稍作修改，增加一个寄存器，用于存储温度 T 与 $I(T)$ 之间的对应关系数据。具体计算方法及程序如下：热像仪根据灰度与温度之间的关系将测得的灰度 G_t 转换成相应的辐射温度 T_r；热像仪再根据寄存器中 T 与 $I(T)$ 之间的关系，将所得的 T_r 和输入(或测得的)环境温度 T_u 转化成相应的 $I(T_r)$ 和 $I(T_u)$；热像仪根据式(4.26)进行计算，得到 $I(T_0)$；热像仪将 $I(T_0)$ 转换成物体的真实温度 T_0，并把它显示在热像仪的显示屏上。

2) 对热像仪的测量结果进行修正

如果不对热像仪的测温计算方法进行修正，也可直接先进行测温，然后对测温结果进行修正。具体方法为：在运用热像仪测量物体温度时，设定其表面发射率为 1，进行测量，此时得到的温度是热像仪的辐射温度 T_r，然后根据测得的(或已知的)表面发射率 ε 和环境温度 T_u 利用式(4.26)进行计算，则可得到物体的真实温度 T_0。

4.2.4　实验验证

选取涂有白油漆的铜板作为被测物体，白油漆的发射率 ε 为 0.95。油漆板后焊有热电偶，热电偶的读数由安杰伦数采系统读出，该温度即为油漆板的真实温度。白漆板贴在黑体炉加热面上，用黑体炉对其进行加热。用 Ti30 红外热像仪测温，该热像仪工作于 7～14μm 波段，根据积分 $I(T)=\int_{\Delta\lambda} L_{b\lambda}(T)\mathrm{d}\lambda$ 可求得 T 与 $I(T)$ 的对应关系，如图 4.10 所示。

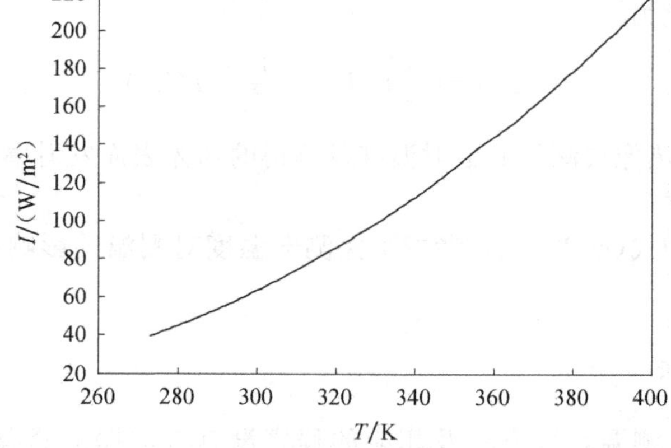

图 4.10　T 与 $I(T)$ 的对应关系数据图

经测量，环境温度为26℃。设定黑体炉温度，对油漆板进行加热，待热电偶的读数稳定后，记下该数值，其为物体的真实温度 T_0。用热像仪测温，设定发射率为1，测得白漆板的辐射温度 T_r；再设定发射率 ε 为0.95，则测得的是未经过探测器温度影响修正的黑体的温度 T_0'。由已知的发射率和测得的环境温度、白漆板的辐射温度，利用 T 与 $I(T)$ 之间的对应关系，根据式(4.26)计算得到白漆板的温度 T_0''，此温度是经过探测器温度影响修正的白漆板的真实温度。改变黑体炉的温度，通过上述的测量及计算方法得到如表4.1所示的几组数据。表中 $e_1=|T_0-T_0'|/T_0$，$e_2=|T_0-T_0''|/T_0$，分别表示不补偿和补偿后测温的相对误差。

表4.1　实验数据及结果

T_0/℃	T_r/℃	T_0'/℃	T_0''/℃	e_1/%	e_2/%
34.4	33.9	34.2	34.3	0.6	0.3
37.1	36.2	36.6	36.7	1.1	0.8
39.8	38.8	39.3	39.4	1.3	1.0
42.6	41.6	42.1	42.4	1.1	0.5
45.4	44.1	44.9	45.0	1.1	0.9
47.9	46.7	47.4	47.7	1.0	0.4
50.6	49.2	50.1	50.3	1.0	0.6
53.2	51.7	52.7	52.9	0.9	0.6
55.9	54.2	55.4	55.5	0.9	0.7
58.6	56.9	58.1	58.3	0.9	0.5
63.5	61.6	62.9	63.2	0.9	0.5

通过以上实验数据可知，经过探测器温度影响的修正后，测温的准确性有一定程度的提高，这充分说明了该修正方法的有效性与必要性。

4.3　太阳辐射对红外热像仪测温误差的影响

许多时候红外测温是在室外进行的，如测量输电线路温度、舰船表面的温度分布等。红外温度测量的准确性除受到被测表面的发射率、反射率(或吸收率)、环境温度、大气温度、大气衰减等因素的影响外，还要受到太阳辐射的影响。本节在前面工作的基础上着重分析太阳辐射对红外测温误差的影响，给出了不同太阳辐射强度对红外测温误差的影响规律。

4.3.1　测温原理

根据红外热像仪的测温原理，实际测量时，热像仪接收到的有效辐射包括：目标自身辐射、环境反射辐射、大气辐射和太阳辐射。

被测表面的辐射亮度为

$$\begin{aligned} L_\lambda &= \varepsilon_\lambda L_{b\lambda}(T_0) + \rho_\lambda L_{b\lambda}(T_u) + \rho_{\lambda s} L_{bs\lambda}(T_s) \\ &= \varepsilon_\lambda L_{b\lambda}(T_0) + (1-\alpha_{u\lambda}) L_{b\lambda}(T_u) + (1-\alpha_{s\lambda}) L_{bs\lambda}(T_s) \end{aligned} \tag{4.28}$$

式中，等号右边第一部分为表面自身的光谱辐射亮度，第二部分为物体反射的环境光谱辐射亮度，第三部分为物体反射的太阳辐射亮度（没考虑太阳对热像仪的直接辐射）；T_0 为被测表面温度；T_u 为环境温度；ε_λ 为表面发射率；ρ_λ 为表面反射率；$\alpha_{u\lambda}$为表面对环境的吸收率；$\alpha_{s\lambda}$为表面对太阳辐射的吸收率。

作用于热像仪的辐射照度为

$$\begin{aligned} E_\lambda = & A_0 d^{-2} [\tau_{a\lambda} \varepsilon_\lambda L_{b\lambda}(T_0) + \tau_{a\lambda}(1-\alpha_{u\lambda}) L_{b\lambda}(T_u) + \tau_{a\lambda}(1-\alpha_{s\lambda}) L_{bs\lambda}(T_s) \\ & + \varepsilon_{a\lambda} L_{b\lambda}(T_a)] \end{aligned} \tag{4.29}$$

采用与式(3.10)相同的推导过程可得，考虑太阳反射辐射时的热像仪输出信号计算公式为

$$\begin{aligned} V_s &= K\{\tau_a[\varepsilon I(T_0) + (1-\alpha_u) I(T_u) + \frac{1}{\pi}(1-\alpha_s)\int_{\Delta\lambda} R_s E_{s\lambda}(T_s) d\lambda] + \varepsilon_a I(T_a)\} \\ &= K\{\tau_a[\varepsilon I(T_0) + (1-\alpha_u) I(T_u) + \frac{1}{\pi}(1-\alpha_s) E_s] + \varepsilon_a I(T_a)\} \end{aligned} \tag{4.30}$$

式中，E_s 为太阳照到被测表面的波段辐照度。大气的透射率变化范围很大，取0.4～0.7，则 E_s 在 2～5μm 和 8～13μm 波段分别为 30.8885～54.0550W/m^2，0.2930～0.5128W/m^2。

4.3.2　测温计算及误差分析

将式(3.16)代入式(4.30)，得

$$T_r^n = \tau_a[\varepsilon T_0^n + (1-\alpha) T_u^n + \frac{1}{c\pi}(1-\alpha_s) E_s] + \varepsilon_a T_a^n \tag{4.31}$$

式中，T_r 为热像仪所指示的温度。

被测表面真实温度的计算公式为

$$T_0 = \left\{\frac{1}{\varepsilon}\left[\frac{1}{\tau_a} T_r^n - (1-\alpha) T_u^n + \frac{1}{c\pi}(1-\alpha_s) E_s - \left(\frac{1}{\tau_a} - 1\right) T_a^n\right]\right\}^{\frac{1}{n}} \tag{4.32}$$

对式(4.32)微分得

$$\frac{dT_0}{T_0}=\frac{1}{n\varepsilon T_0^n}\Big\{-\Big[\frac{1}{\tau_a}T_r^n-T_u^n+\frac{1}{\pi c}(1-\alpha_s)E_s-\Big(1-\frac{1}{\tau_a}\Big)T_a^n\Big]\frac{d\varepsilon}{\varepsilon}+(T_a^n-T_r^n)\frac{d\tau_a}{\tau_a}$$
$$+\frac{n}{\tau_a}T_r^n\frac{dT_r}{T_r}(1-\varepsilon)nT_u^n\frac{dT_u}{T_u}+\frac{E_s}{\pi c}d\alpha_s+\Big(1-\frac{1}{\tau_a}\Big)nT_a^n\frac{dT_a}{T_a}\Big\} \tag{4.33}$$

由公式可以看出，影响热像仪测温误差的因素很多，当被测表面的发射率、吸收率、大气透射率、大气发射率、测量温度、环境温度、大气温度、被测物体对太阳辐射的吸收率、太阳辐射等测量不准时，都会影响测量精度，在不同的波段，影响程度也不一样。

4.3.3　太阳辐射吸收率对测量误差的影响

对太阳辐射的吸收会对测量结果产生影响，取 $T_0=293\text{K}$，$|d\varepsilon/\varepsilon|\leqslant 3\%$，$|dT_r/T_r|\leqslant 2\%$，$|dT_u/T_u|\leqslant 1\%$，$|dT_a/T_a|\leqslant 10\%$。在此条件下如对太阳的吸收率估计不准，对工作在不同波段热像仪的温度修正的影响差别很大，如图 4.11 所示。对工作在 2～5μm 波段的热像仪，当太阳吸收率误差为 20%时，测温误差可达 9%左右；而对工作在 8～13μm 的热像仪，它的影响可以忽略不计。因此对于短波热像仪，要尽可能减小它的误差；而对于长波热像仪，则可以忽略其影响。

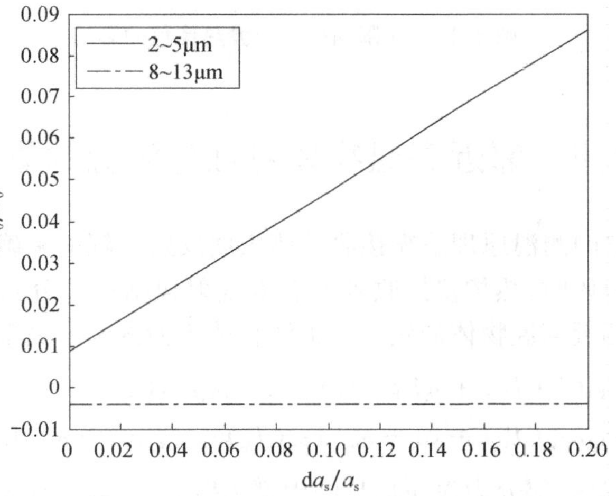

图 4.11　太阳吸收率对测温的影响

4.3.4　太阳辐射的影响

由于太阳的照射，被测物体将反射部分太阳辐射进入热像仪，从而影响测温准确性。即使在准确测出太阳吸收率时,太阳反射进入热像仪的能量也对测温产生一定影响。考虑太阳吸收率误差为3%时,计算太阳反射辐射对测温的影响,可以发现由于在8～13μm波段太阳的辐射能比较小,在此波段,太阳辐射对测温误差的影响很小,可以忽略不计。在2～5μm波段,由于不同的大气透射所造成的太阳辐射能的变化,对测温误差有一定影响,如图4.12所示,最大可达2%。为了测温修正的准确性,应该考虑到它的影响。

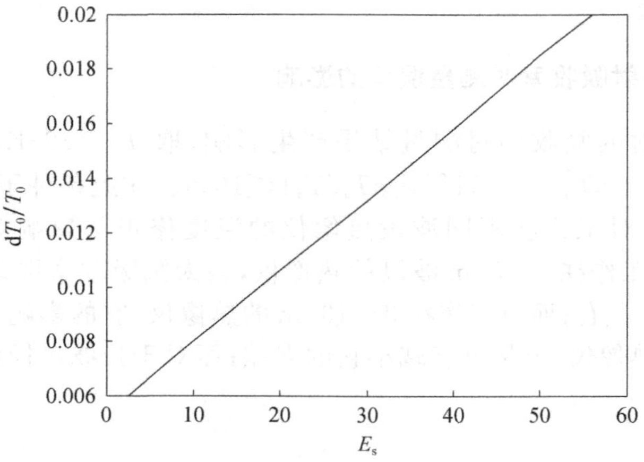

图 4.12　太阳辐射对短波热像仪的影响

4.4　邻近高温物体对红外测温的影响

红外热像仪的测温原理是靠接收被测表面发射的辐射来确定其温度。在邻近存在高温辐射体时,热像仪接收到的有效辐射包括三部分:目标自身辐射、环境反射辐射和邻近高温物体的辐射。被测物体表面的辐射亮度为

$$\begin{aligned} L_\lambda &= \varepsilon_\lambda L_{b\lambda}(T_0) + \rho_\lambda L_{b\lambda}(T_u) + F_{h\_o}\rho_{h\lambda}L_{b\lambda}(T_h) \\ &= \varepsilon_\lambda L_{b\lambda}(T_0) + (1-\alpha_{u\lambda})L_{b\lambda}(T_u) + F_{h\_o}(1-\alpha_{h\lambda})L_{b\lambda}(T_h) \end{aligned} \tag{4.34}$$

式中,等号右边第一部分为表面自身的光谱辐射亮度,第二部分为物体反射的环境光谱辐射亮度,第三部分为物体反射的附近高温物体的辐射亮度(没有考虑附近高温物体对热像仪的直接辐射);T_0 为被测表面温度;T_u 为环境温度;T_h 为高温物体的温度;ε_λ 为表面发射率;ρ_λ 为表面反射率;$\alpha_{u\lambda}$为表面对环境辐射的吸收率;$\alpha_{h\lambda}$为表面对附近高温物体辐射的吸收率;F_{h_o}为从高温物体表面到被测物体表面的角系数。

作用于热像仪的辐射照度为

$$E_\lambda = A_0 d^{-2}[\tau_{a\lambda}\varepsilon_\lambda L_{b\lambda}(T_0) + \tau_{a\lambda}(1-\alpha_{u\lambda})L_{b\lambda}(T_u) + \tau_{a\lambda}F_{h\_o}(1-\alpha_{h\lambda})L_{h\lambda}(T_h) + \varepsilon_{a\lambda}L_{b\lambda}(T_u)] \tag{4.35}$$

式中，A_0 为热像仪最小空间张角所对应的目标的可视面积；d 为该目标到测量仪器间的距离；通常在一定条件下，$A_0 d^{-2}$ 为一个常值；$\tau_{a\lambda}$ 为大气的光谱透射率；$\varepsilon_{a\lambda}$ 为大气发射率。

热像仪通常工作在 2～5μm 或 8～13μm 两个波段。探测器在工作波段上积分入射的辐射能，并把它转化成一个与能量成正比的电信号。

依据 3.2 节的原理，可知热像仪的响应电压为

$$V_h = A_R A_0 d^{-2}\left\{\tau_a\left[\varepsilon\int_{\Delta\lambda} R_\lambda L_{b\lambda}(T_0)d\lambda + (1-\alpha_u)\int_{\Delta\lambda} R_\lambda L_{b\lambda}(T_u)d\lambda + F_{h\_o}(1-\alpha_h)\int_{\Delta\lambda} R_\lambda L_{b\lambda}(T_h)d\lambda\right] + \varepsilon_a\int_{\Delta\lambda} R_\lambda L_{b\lambda}(T_a)d\lambda\right\} \tag{4.36}$$

式中，A_R 为热像仪透镜的面积；R_λ 为探测器的光谱相应度，对某台确定的热像仪，它为常值。

令 $K=R_\lambda A_R A_0 d^{-2}$，取 $\int_{\Delta\lambda} L_{b\lambda}(T)d\lambda = I(T)$，则式(4.36)变为

$$V_h = K\{\tau_a[\varepsilon I(T_0) + (1-\alpha_u)I(T_u) + F_{h\_o}(1-\alpha_h)I(T_h)] + \varepsilon_a I(T_a)\} \tag{4.37}$$

当被测物体可看作灰体时，$\varepsilon=\alpha$，大气也满足灰体特性，对大气可认为 $\varepsilon_a=\alpha_a=1-\tau_a$，则有

$$V_h = K\{\tau_a[\varepsilon I(T_0) + (1-\varepsilon_u)I(T_u) + F_{h\_o}(1-\varepsilon_h)I(T_h)] + (1-\tau_a)I(T_a)\} \tag{4.38}$$

当 $\tau_a=1$ 时，可得下式：

$$V_h = K[\varepsilon I(T_0) + (1-\varepsilon_u)I(T_u) + F_{h\_o}(1-\varepsilon_h)I(T_h)] \tag{4.39}$$

4.4.1 测温计算及误差分析

将式(3.16)代入式(4.37)，得

$$T_r^n = \tau_a[\varepsilon T_0^n + (1-\alpha_u)T_u^n + F_{h\_o}(1-\alpha_h)T_h^n] + \varepsilon_a T_a^n \tag{4.40}$$

被测表面真实温度的计算公式为

$$T_0 = \left\{\frac{1}{\varepsilon}\left[\frac{1}{\tau_a}T_r^n - (1-\alpha_u)T_u^n - F_{h\_o}(1-\alpha_h)T_h^n - \frac{\varepsilon_a}{\tau_a}T_a^n\right]\right\}^{\frac{1}{n}} \tag{4.41}$$

对式(4.41)微分得

$$\frac{dT_0}{T_0}=\frac{1}{n\varepsilon T_0^n}\Big|-\Big[\frac{1}{\tau_a}T_r^n-(1-\alpha_u)T_u^n-F_{h\_o}(1-\alpha_h)T_h^n$$
$$-\frac{\varepsilon_a}{\tau_a}T_a^n\Big]\frac{d\varepsilon}{\varepsilon}-(1-\alpha_h)T_h^n dF_{h\_o}+T_u^n d\alpha_u$$
$$+F_{h\_o}T_h^n d\alpha_h-\frac{1}{\tau_{a\lambda}}T_a^n d\varepsilon_a+(\varepsilon_a T_a^n-T_r^n)\frac{d\tau_a}{\tau^2}$$
$$+\frac{n}{\tau_a}T_r^n\frac{dT_r}{T_r}-(1-\alpha_u)nT_u^n\frac{dT_u}{T_u}-\frac{n\varepsilon_a}{\tau_a}T_a^n\frac{dT_a}{T_a}$$
$$-(1-\alpha_h)F_{h\_o}nT_h^n\frac{dT_h}{T_h}\Big| \qquad (4.42)$$

由式(4.42)可以看出,影响热像仪测温误差的因素很多,当被测表面的发射率、吸收率、大气透射率、大气发射率、测量温度、环境温度、大气温度、被测物体对附近高温物体辐射的吸收率、附近高温物体的温度、附近高温物体与被测物体的相对位置等测量不准时,都会影响测量精度,在不同的波段其影响程度也不一样。

4.4.2 高温物体对测温的影响分析

1. 高温物体温度测量误差的影响

高温物体温度的测量误差影响着红外测温的准确性。图 4.13 反映了在其他因素不变时,测温误差随高温物体温度测量误差的变化情况。由图 4.13 可以看出,当高温物体测温误差达到 20%时,在 2~5μm 波段,热像仪的测温误差为 6.9%左右,而在 8~13μm 波段,热像仪的测温误差为 3.6%左右,高温物体温度测量误差对热像仪的测温误差影响很大。因此,要尽量减小它的误差。

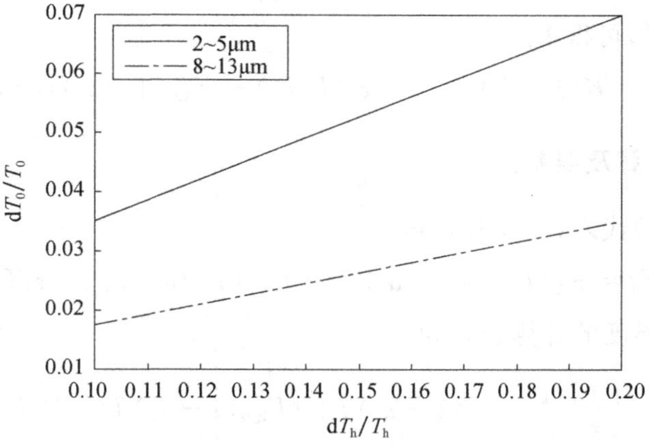

图 4.13 dT_h/T_h 对 dT_0/T_0 的影响

2. 高温物体位置测量误差的影响

高温物体所在位置的变化对热像仪的测温结果有较大的影响。如图 4.14 所示，在其他因素不变时，对工作在 2～5μm 波段的热像仪，当 F_{h_o}的测量误差达到 20%时，测温误差可达到 6.9%左右，而对工作在 8～13μm 的热像仪，测温误差可达到 3.6%左右。因此，对于这两种热像仪，高温物体位置的测定要尽可能准确。

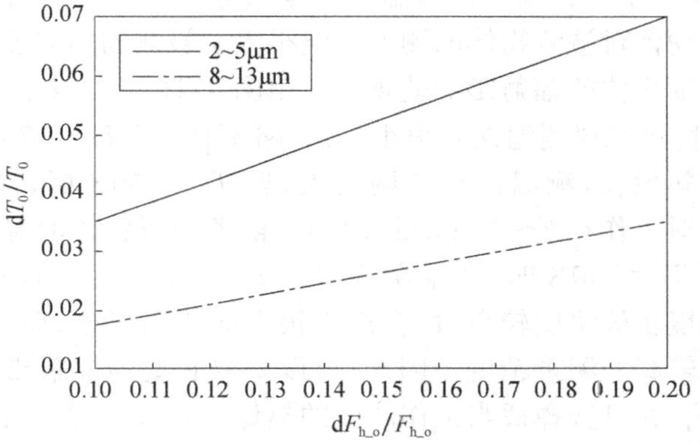

图 4.14　dF_{h_o}/F_{h_o}对 dT_0/T_0 的影响

3. 高温物体辐射的吸收率测量误差的影响

对附近高温物体辐射吸收率估计不准，对工作在不同波段的热像仪的测温误差影响差别很大，如图 4.15 所示。在其他因素不变时，当吸收率测量误差为

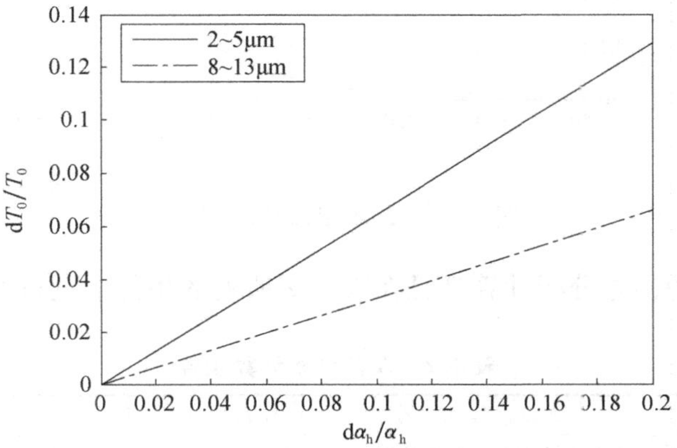

图 4.15　$d\alpha_h/\alpha_h$ 对 dT_0/T_0 的影响

20%时，短波热像仪的测温误差可达到 12.9%左右，而长波热像仪的测温误差则为 6.7%左右。对附近高温物体吸收率测量不准造成的误差，短波热像仪比长波热像仪要大近一倍，且两者都比较大。因此，对于短波热像仪和长波热像仪，都要尽可能减小它的测量误差。

4. 邻近高温物体辐射的影响

由于附近高温物体的辐射会被测量物体反射进入热像仪，从而影响测温准确性。当邻近物体温度和被测物体温度相差很大，或者被测物体本身发射率很低时，附近高温物体对被测物体的测温影响很大。被测物体温度越低，发射率越小，来自邻近周围物体的辐射影响就越大。由图 4.16 可以看出，其他因素不变，当 $T_h \leqslant 375K$ 时，热像仪测温误差很小，可忽略不计；当 $T_h \geqslant 375K$ 时，对工作在 2～5μm 波段的热像仪，测温误差急剧增大；当 $T_h = 550K$ 时，测温误差可达到 65.8%左右；而对工作在 8～13μm 的热像仪，随着附近物体的温度增加，测温误差缓慢增大，当 $T_h = 550K$ 时，测温误差为 6.2%左右。对工作在 2～5μm 波段的热像仪，当环境物体温度较高时，会产生很大的测温误差，而当附近物体温度不高时，会保证较高的测量精度。因此，可以采取必要的屏蔽措施，以减小附近物体辐射的影响，并且选择适当工作波段的热像仪，以减小测温误差。

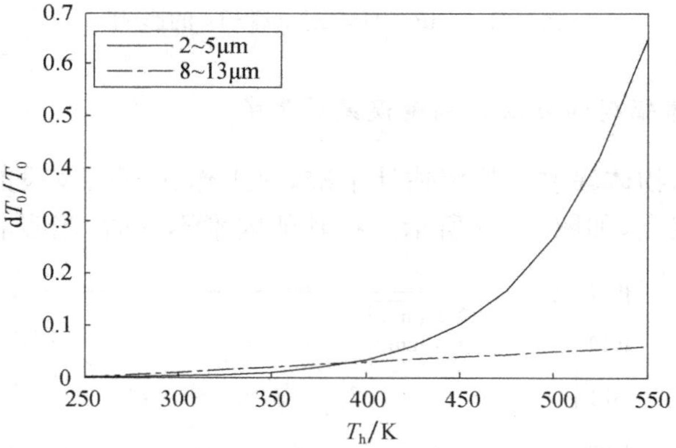

图 4.16 T_h 对 dT_0/T_0 的影响

以上所有的误差分析计算都是在表 4.2 所列的条件下进行的。

表 4.2 误差分析计算条件

$T_0 = 293K$	$\lvert dT_a/T_a \rvert \leqslant 2\%$	$\lvert dT_r/T_r \rvert \leqslant 2\%$	$\lvert dT_u/T_u \rvert \leqslant 2\%$
$\lvert dT_h/T_h \rvert \leqslant 20\%$	$\lvert dF_{h\_o}/F_{h\_o} \rvert \leqslant 20\%$	$\lvert d\alpha_h/\alpha_h \rvert \leqslant 20\%$	$\lvert d\alpha_u/\alpha_u \rvert \leqslant 3\%$
$\lvert d\varepsilon_a/\varepsilon_a \rvert \leqslant 3\%$	$\lvert d\varepsilon/\varepsilon \rvert \leqslant 3\%$	$\lvert d\tau_a/\tau_a \rvert \leqslant 3\%$	

4.5　反射温度补偿法对红外测温的修正与补偿计算

由于太阳辐射和周围高温物体对红外辐射测温的影响较大，国内外的现行修正方法一般是采用遮蔽物减小其影响。但是在狭窄空间等复杂情况下，采用遮蔽物不太现实。所以需要研究一种可以补偿周围高温物体对红外测温影响的方法，使得不采用遮蔽物也可以准确测量物体温度。反射温度补偿是一种红外测温时补偿目标附近物体(特别是高温物体)的反射能量的方法[18]。本节根据热辐射理论和红外热像仪的测温原理，介绍反射温度补偿法的原理与实施方法，给出该补偿方法的理论计算公式，并系统分析反射温度补偿法的补偿效果及补偿后各因素对红外测温的影响。

4.5.1　红外热像仪测温原理与计算

由式(4.40)知，附近存在高温物体时，辐射温度的计算公式为

$$T_r^n = \tau_a[\varepsilon T_0^n + (1-\alpha_u)T_u^n + F_{h\_o}(1-\alpha_h)T_h^n] + \varepsilon_a T_a^n \tag{4.43}$$

被测表面真实温度的计算公式为

$$T_0 = \left\{\frac{1}{\varepsilon}\left[\frac{1}{\tau_a}T_r^n - (1-\alpha_u)T_u^n - F_{h\_o}(1-\alpha_h)F_h^n - \frac{\varepsilon_a}{\tau_a}T_a^n\right]\right\}^{\frac{1}{n}} \tag{4.44}$$

在近距离对灰体进行测温时，$\alpha=\varepsilon$，$\tau_a=1$，则式(4.44)变为

$$T_0 = \left\{\frac{1}{\varepsilon}[T_r^n - (1-\varepsilon)T_u^n + F_{h\_o}(1-\varepsilon)T_h^n]\right\}^{\frac{1}{n}} \tag{4.45}$$

4.5.2　反射温度补偿法及其原理

1. 反射温度补偿法实施方法

有些热像仪本身设计有反射温度补偿功能，比如美国 Fluke 公司的 Ti30。对于无反射温度补偿功能的热像仪而言，也可通过一定的方法来达到同样的反射温度补偿的作用。反射温度补偿功能可以通过如下步骤实现。

1) 测量反射温度

(1) 采用反射板法测量反射温度。

取一张铝箔(红外反射镜)，弄皱后再展平，将铝箔放在纸板上，亮面朝上。调节热像仪的发射率，将发射率设置为 1.0。将热像仪放置在距待测目标选定

测量距离之处。将仪器瞄准目标并调焦。此时，将铝箔放在热像仪的视场内，放在目标表面前面并与之平行。测量反射板表面的表观温度，此温度是目标的反射温度。记下此温度值。多次测量，取平均值。

(2) 采用热像仪直接测量的方法获取反射温度。

首先将热像仪的发射率调整到1.0，将热像仪放置到被测物体表面前，沿其法线方向±45°内测量投射辐射的辐射温度，取多次平均值作为反射温度。

2) 测量物体表面真实温度

按正常的测量方法测量被测目标的温度，当要设定环境温度时，将第1步测得的反射温度值输入，则所测得的温度就是反射温度补偿后的被测物体温度。

2. *反射温度补偿法原理*

铝箔作用于热像仪的辐射照度为

$$E_{1\lambda}=A_0d^{-2}[\tau_{a\lambda}\varepsilon_{1\lambda}L_{b\lambda}(T_1)+\tau_{a\lambda}(1-\alpha_{1u\lambda})L_{b\lambda}(T_u)+F_{1h\_o}(1-\alpha_{1h\lambda})L_{b\lambda}(T_h)+\varepsilon_{a\lambda}L_{b\lambda}(T_a)] \tag{4.46}$$

式中，T_1 为铝箔的温度；$\varepsilon_{1\lambda}$、$\rho_{1\lambda}$分别为铝箔的表面发射率、表面反射率；$\alpha_{1u\lambda}$为铝箔表面对环境辐射的吸收率；$\rho_{1h\lambda}$、$\alpha_{1h\lambda}$分别为铝箔表面对附近高温物体辐射的反射率、吸收率；F_{1h_o}为从高温物体表面到铝箔表面的角系数。

热像仪通常工作在2～5μm或8～13μm这两个很窄的波段，通常可以认为$\varepsilon_{1\lambda}$、$\tau_{a\lambda}$、$\alpha_{1u\lambda}$、$\alpha_{1h\lambda}$与波长λ无关，可得到$\alpha_{1u\lambda}=\alpha_{1h\lambda}=\alpha_1$。同时由于铝箔离被测物体很近，可认为$F_{1h_o}=F_{h_o}$。

运用与式(3.12)类似的处理方法，可得

$$I(T_{rtc})=\tau_a[\varepsilon_1I(T_1)+(1-\alpha_1)I(T_u)+F_{h\_o}(1-\alpha_1)I(T_h)]+\varepsilon_aI(T_a) \tag{4.47}$$

式中，T_{rtc}表示反射温度。

将式(3.16)代入式(4.47)，得

$$T_{rtc}^n=\tau_a[\varepsilon_1T_1^n+(1-\alpha_1)T_u^n+F_{h\_o}(1-\alpha_1)T_h^n]+\varepsilon_aT_a^n \tag{4.48}$$

铝箔因为经过处理(弄皱后再展平)可视为灰体，则$\varepsilon_1=\alpha_1$。对于大气，可认为$\varepsilon_a=1-\tau_a$。铝箔放置在环境中，其温度可视为与环境温度相等，即$T_1=T_u$，则式(4.48)可变为

$$T_{rtc}^n=\tau_a[T_u^n+F_{h\_o}(1-\varepsilon_1)T_h^n]+(1-\tau_a)T_a^n \tag{4.49}$$

当近距测量时，$\tau_a=1$，则式(4.49)变为

$$T_{rtc}^n=T_u^n+F_{h\_o}(1-\varepsilon_1)T_h^n \tag{4.50}$$

当被测物体周围不存在高温物体时，$T_{rtc}=T_u$，反射温度即为环境温度。

由式(3.21)知，近距离测温时普通热像仪的测温公式为

$$T_0'=\left\{\frac{1}{\varepsilon}[T_r^n-(1-\varepsilon)T_u^n]\right\}^{\frac{1}{n}} \tag{4.51}$$

式(4.51)就是未进行反射温度补偿时用热像仪测得的物体表面温度的计算式。

进行反射温度补偿后，热像仪测得的物体表面温度为

$$T_0''=\left\{\frac{1}{\varepsilon}[T_r^n-(1-\varepsilon)T_{rtc}^n]\right\}^{\frac{1}{n}} \tag{4.52}$$

将式(4.50)代入式(4.52)，可得

$$T_0''=\left\{\frac{1}{\varepsilon}[T_r^n-(1-\varepsilon)T_u^n-(1-\varepsilon)F_{h\_o}(1-\varepsilon_1)T_h^n]\right\}^{\frac{1}{n}} \tag{4.53}$$

比较式(4.51)和式(4.53)可知，两式的区别在于式(4.53)多了$(1-\varepsilon_1)$这一项，ε_1 越大，两式的数值越接近。当 ε_1 为 1 时，两式完全一样，没有反射补偿功能；当 ε_1 趋于 0 时，式(4.53)能对环境的高温物体产生的辐射对测温的影响进行反射补偿。在同样的条件下，利用式(4.53)计算所得的目标真实温度要比式(4.45)计算所得结果稍大。

4.5.3　误差分析与补偿效果比较

根据文献[7]，经过粗糙处理的铝的发射率 $\varepsilon_1=0.07$。在表 4.3 的条件下进行分析。

表 4.3　误差分析输入数据

影响因素	ε	T_u	T_r	T_h	F_{h_o}
数值	0.5	300	450	450	0.5
相对误差	0.1	0.02	0.02	0.02	0.05

1. 反射温度的影响因素分析

对式(4.50)进行微分，可得

$$\frac{dT_{rtc}}{T_{rtc}}=\frac{1}{T_{rtc}^n}\left[T_u^n\frac{dT_u}{T_u}+(1-\varepsilon_1)F_{h\_o}T_h^n\left(\frac{1}{n}\frac{dF_{h\_o}}{F_{h\_o}}+\frac{dT_h}{T_h}\right)\right] \tag{4.54}$$

由式(4.54)可知，影响反射温度测量误差的因素主要是环境温度、高温物

体与被测物体的相对位置以及高温物体的温度。

图 4.17 表示在其他因素不变的情况下，反射温度误差随环境温度误差的变化情况。由图可知，随着环境温度误差的增大，反射温度误差逐渐增大。由环境温度测量误差所造成的测温误差，短波热像仪比长波热像仪小得多。在环境温度误差为 20％时，长波热像仪的反射温度误差为 8.3％，而短波热像仪的仅为 3.4％。

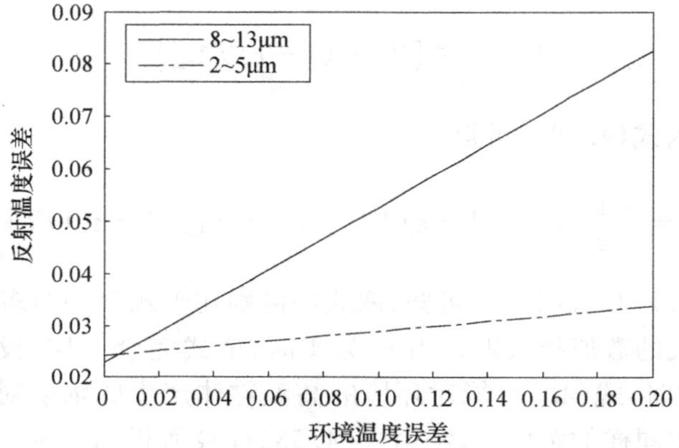

图 4.17　反射温度误差随环境温度误差的变化

图 4.18 表示在其他因素不变时，高温物体位置误差引起的角系数误差对反射温度误差的影响。据图可知，反射温度误差随着高温物体位置误差的增大而增大，但其影响程度比环境温度误差要小。在角系数误差为 20％时，长波热像仪的反射温度误差为 5.5％，短波热像仪的为 4.1％。

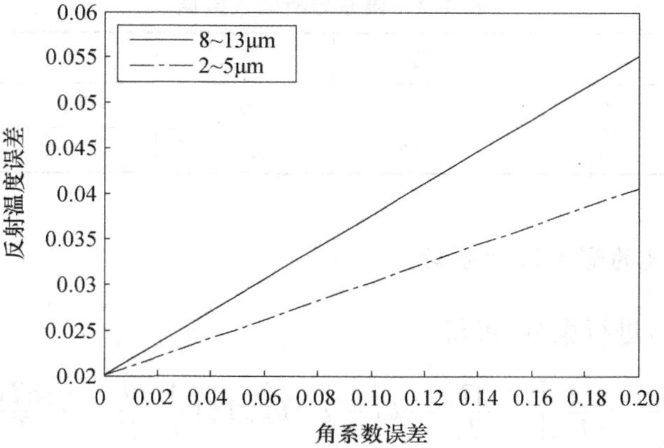

图 4.18　反射温度误差随角系数误差的变化

图 4.19 表示在其他参数恒定不变时，反射温度误差随高温物体温度误差的变化情况。由图可知，随着高温物体温度误差的增大，反射温度误差不断增大，且反射温度受高温物体温度的影响很大。对于由高温物体温度误差所造成的反射温度测量误差，短波热像仪的要比长波热像仪的大。在高温物体温度误差为 20%时，长波热像仪的反射温度误差为 15.5%，而短波热像仪的反射温度误差则达到 19.6%。

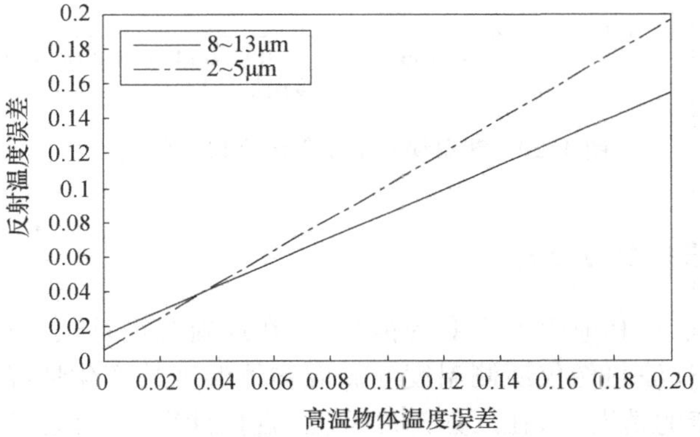

图 4.19　反射温度误差随高温物体温度误差的变化

2. 真实温度的影响因素分析

对式(4.52)微分，可得

$$\frac{\mathrm{d}T_0''}{T_0''}=\frac{1}{n\varepsilon T_0''^{n}}\left[(T_{\mathrm{rtc}}^{n}-T_{\mathrm{r}}^{n})\frac{\mathrm{d}\varepsilon}{\varepsilon}+nT_{\mathrm{r}}^{n}\frac{\mathrm{d}T_{\mathrm{r}}}{T_{\mathrm{r}}}-n(1-\varepsilon)T_{\mathrm{rtc}}^{n}\frac{\mathrm{d}T_{\mathrm{rtc}}}{T_{\mathrm{rtc}}}\right] \tag{4.55}$$

由式(4.55)可以看出，影响热像仪测温误差的主要因素有被测物体辐射率、热像仪指示的辐射温度和反射温度。当以上参数测量不准时，都将造成真实温度的计算误差。

下面主要讨论反射温度对真实温度误差的影响。

图 4.20 表示在其他因素不变的情况下，反射温度测量误差对测温误差的影响。由图可知，随着反射温度误差的增大，测温误差的数值也逐渐增大。在反射温度误差较小时，短波热像仪的测温误差比长波热像仪稍大；在反射温度误差较大时，短波热像仪的测温误差比长波热像仪要小，且当反射温度误差越大时，短波热像仪的测温误差比长波热像仪的小得越多。当反射温度测量误差为 20%时，短波热像仪的测温误差为−5.1%，长波热像仪的为−8.2%。

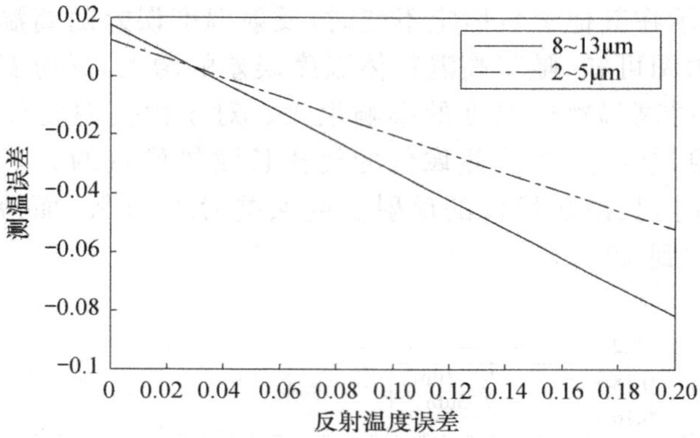

图 4.20 测温误差随反射温度误差的变化

3. 补偿效果比较与分析

图 4.21 表示在其他因素不变的情况下，在反射温度补偿、直接计算、不补偿这三种情形下，长波热像仪所测温度随高温物体温度的变化情况。图 4.22 表示在其他因素不变的情况下，在反射温度补偿、直接计算、不补偿这三种情形下，短波热像仪所测温度随高温物体温度的变化情况。

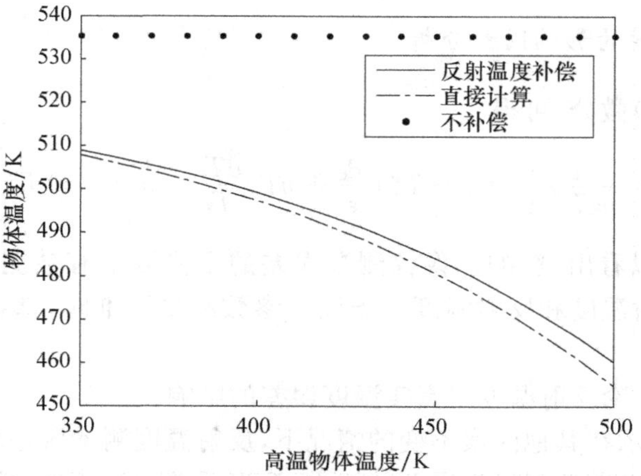

图 4.21 物体温度随高温物体温度的变化(长波)

由图 4.21 和图 4.22 可知，在不补偿的情形下，热像仪所测物体温度不随高温物体温度的变化而变化，而是保持一个定值，这是因为该模式没有考虑高温物体的影响，所以在周围存在高温物体的情况下，该模式的被测物体温度与真实

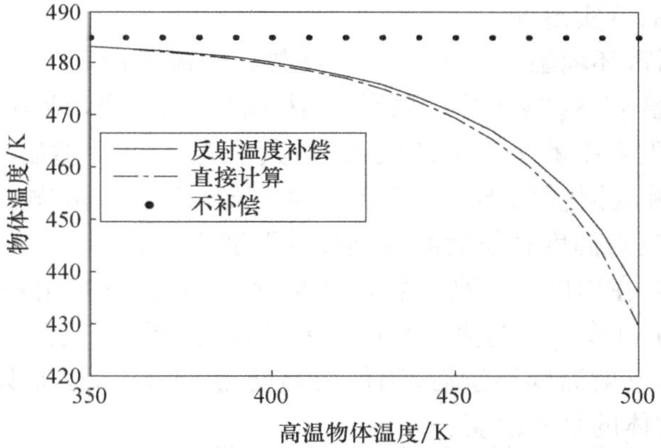

图 4.22　物体温度随高温物体温度的变化(短波)

温度有较大的误差,且高温物体的温度越高测温误差越大。以长波热像仪为例,当高温物体为 500K 时,不补偿所测得的温度比直接计算所得的温度要高 80.91K,其误差达到了 17.8%。所以在周围存在高温物体的情况下,该模式不能准确地测出物体的真实温度。

如果能准确地给出物体的发射率、环境温度、热像仪指示的辐射温度、附近高温物体温度以及高温物体的位置(角系数),就能利用式(4.53)算出被测物体的真实温度。如有误差,可根据误差大小算出被测物体真实温度的测温误差。这种方法准确率较高,但是过程较复杂,某些参数(如附近高温物体的温度以及高温物体的位置)的获取比较困难,特别是若存在多个高温物体,则计算十分复杂。

由图 4.21 和图 4.22 可知,若采用反射温度补偿法,则可以补偿绝大部分附近高温物体的反射能量,使被测物体温度的精度达到比较高的水平。和直接计算方法相比,该补偿法的精度略低,但是相差不大。以长波热像仪为例,当高温物体温度为 500K 时,采用反射温度补偿所测得的物体温度只比直接计算所得的物体温度高 5.73K,其误差只有约 1.26%,和不补偿测量相比,采用反射温度补偿后测温精度大大提高。同时短波热像仪的补偿效果要比长波热像仪的好。该方法简单易行,大大简化了操作过程,方便了实际测温操作。

4.5.4　实验验证

为了验证反射温度补偿方法的有效性与实用性,设计了一个实验:被测物体为铜板,铜板用黑体炉进行加热,用 HY-2001G 红外热像仪进行测温,红外反射镜选用铝箔,用功率为 400W 的加热器充当高温物体;同时,铜板背面焊接热电偶，以测量铜板的真实温度。

用温度计测得环境温度为 16.6℃。将黑体炉温度设定为 40℃，用热电偶测得铜板的真实温度为 33.6℃。调节热像仪的发射率，使其测得的温度为 33.6℃，这时的发射率就是铜板的发射率，其值为 0.04。然后在周围存在高温物体的情况下测量铜板的温度，其数值为 115.0℃。测量铜板的反射温度为 21.4℃，则采用反射温度补偿后测得铜板的温度为 34.5℃。

由实验可知，在周围存在高温物体的情况下，若没有采用补偿措施，用热像仪测得的温度为 115.0℃，与真实温度的差别很大，所以不能准确测量物体的真实温度。而采用反射温度补偿后，测得的温度为 34.5℃，误差只有 0.9℃，能够较准确地测得物体的真实温度。

参考文献

[1] 杨立，红外热像仪测温计算与误差分析[J]. 红外技术，1999，21(4)：20—24.

[2] 寇蔚，杨立，热测量中的误差因素分析[J]. 红外技术，2000，23(5)：32—34.

[3] 刘慧开，杨立. 太阳辐射对红外热像仪测温误差的影响[J]. 红外技术，2002，24(1)：34—37.

[4] 刘慧开，杨立. 红外热像仪的最大测温误差分析[J]. 热科学与技术，2002，1(2)：169—172.

[5] 张健，杨立，刘慧开. 环境高温物体对红外热像仪测温误差的影响[J]. 红外技术，2005，27(5)：419—422.

[6] 斯达尔 K，缪斯卡 G. 红外技术[M]. 石定河，王桂群等译. 武汉：华中工学院出版社，1982.

[7] Carr J. AGA-782 Infrared Thermography Operating Mamual[M]. England：AGA Infrared Systems AB，1979：3—25.

[8] Fluke. Ti30 User Manual CHI [M]. USA：Fluke Corporation，2005：38—56.

[9] 许猛，李恩普，张晓娟. 红外测温中环境辐射影响的分析[J]. 理论与实践，2007，27(3)：4—6.

[10] 范春利，杨立，华顺芳. 热探测器温度对非制冷红外热像仪测温的影响[J]. 红外技术，2002，24(5)：22—24.

[11] 施德恒，刘玉芳. 反射辐射和探测器本身的辐射对实时测温系统测温精度的影响及其抑制[J]. 中国激光，2004，31(1)：105—110.

[12] 何志彪，易新建. 非制冷微测辐射热计红外测温系统及实现[J]. 华中理工大学学报，1997，27(8)：101，102.

[13] 吴亚平，张天序. 非制冷微测辐射热计阵列热像仪测温研究[J]. 华中理工大学学报，2000，28(12)：8，9.

[14] Madding R P. Emissivity measurement and temperature correction accuracy consideration [C]. SPIE，1999，3700：393—401.

[15] 常本康，蔡毅. 红外成像阵列与系统[M]. 北京：科学出版社，2006.
[16] 孟丽娅. 微测辐射热计非均匀性及新型校正读出电路研究[D]. 重庆：重庆大学. 2005.
[17] 孟丽娅，袁祥辉. 微测辐射热计的建模与仿真[J]. 激光与红外，2005，35(2)：108—110.
[18] ASTM E1862-1997(2002)e1. Standard Test Methods for Measuring and Compensating for Reflected Temperature Using Infrared Imaging Radiometers[S]. 2002.

第 5 章　非漫射体红外热成像测温技术

红外热像仪是一种可探测目标的红外辐射，并通过光电转换、电信号处理等手段，将目标物体的温度分布图像转换成视频图像的设备，是集光、机、电等尖端技术于一体的高新技术产品。红外热成像系统可以进行红外测温和无损检测等，同时非制冷焦平面探测器使整个红外热成像系统省去了复杂的制冷系统，成本大大降低，使得红外热成像技术得到飞速发展[1]。然而，目前红外测温主要是针对朗伯漫反射体（灰体）的温度测量，国内外许多学者和专家做了许多相关的工作[2~13]。对于非漫射体（如金属），其温度测量长期以来被视为红外测温的盲区，认为其红外测温结果是不准确的[14]。之所以认为非漫射体的红外测温不准，主要有以下几个原因：一是非漫射体的辐射能量绝对值小、信号弱，受背景辐射的影响大，而背景辐射的计算复杂且实现困难；二是非漫射体的发射率较小，导致发射率误差对测温误差的影响较大；三是在红外测温中一般把发射率与反射率之和视为 1，但是非漫射体并不符合这一规律，即其发射率与反射率之和并不等于 1。随着红外测温的应用，需要将红外测温的对象扩展到非漫射体（如电气设备的红外测温，就涉及金属的温度测量），因此需要在这方面继续开展研究。

5.1　实际物体红外热像仪测温原理

被测实际表面的辐射包括两部分——目标自身辐射和环境反射辐射。环境反射辐射又包括均匀环境反射辐射和非均匀环境反射辐射两部分。均匀环境辐射主要是大气发射辐射，非均匀环境辐射包括周围物体的反射辐射、太阳辐射或其他高温物体的反射辐射等。

假设被测物体周围存在 n 个非均匀环境辐射，在被测物体充满热像仪视场的情况下（能够排除附近物体对热像仪的直接辐射），则被测物体表面的辐射亮度为

$$L_{\lambda 1}=\varepsilon(\lambda,T_0,\theta_r,\varphi_r)L_{b\lambda}(T_0)+\rho(\lambda,T_0,\theta_r,\varphi_r,2\pi)L_{b\lambda}(T_a)+\sum_{k=1}^{n}\rho(\lambda,T_0,\theta_{ik},\varphi_{ik},\theta_r,\varphi_r)\varepsilon_s(\lambda,T_{hk},\theta_{ik},\varphi_{ik})L_{b\lambda}(T_{hk}) \quad (5.1)$$

式中，等号右边第一部分为表面自身的光谱辐射亮度，第二部分为物体表面反射

的大气辐射的光谱辐射亮度，第三部分为物体表面反射的非均匀环境辐射的光谱辐射亮度；$\varepsilon(\lambda, T_0, \theta_r, \varphi_r)$为温度为 T_0 的被测物体在方向(θ_r, φ_r)上的方向光谱发射率；$\rho(\lambda, T_0, \theta_r, \varphi_r, 2\pi)$为温度为 T_0 的被测物体在方向(θ_r, φ_r)上的光谱半球-方向反射率；$\rho(\lambda, T_0, \theta_{ik}, \varphi_{ik}, \theta_r, \varphi_r)$为温度为 T_0 的被测物体对第 k 个非均匀环境辐射物体的光谱双向反射分布函数；$\varepsilon_s(\lambda, T_{hk}, \theta_{ik}, \varphi_{ik})$为温度为 T_{hk}的第 k 个非均匀环境辐射物体在方向$(\theta_{ik}, \varphi_{ik})$上的方向光谱发射率。

作用于热像仪的辐射亮度为

$$L_\lambda = \tau_{a\lambda} L_{\lambda 1} + \varepsilon_{a\lambda} L_{b\lambda}(T_a) \tag{5.2}$$

式中，$\tau_{a\lambda}$为大气的光谱透射率；$\varepsilon_{a\lambda}$为大气的光谱发射率；T_a 为大气温度。

表面面积 A_0 发出的辐射入射到光学镜头前的某一波长的辐射功率为

$$P_\lambda = A_r A_0 d^{-2} L_\lambda \tag{5.3}$$

式中，A_r 为光学透镜面积；d 为表面元与镜头之间的距离。通常在一定条件下，$A_r A_0 d^{-2}$为常值。

式(5.3)可变形为

$$P_\lambda = K L_\lambda \tag{5.4}$$

式中，$K = A_r A_0 d^{-2}$。

由此入射到热像仪探测器上与辐射功率相应的响应电压为

$$V_s = K\tau_o \int_{\Delta\lambda} \mathcal{R}_\lambda L_\lambda \mathrm{d}\lambda \tag{5.5}$$

式中，$\tau_{o\lambda}$为光学系统的光谱透射率；τ_o 为 $\lambda_1 \sim \lambda_2$ 光谱区间内的平均光学系统的透射率。

将入射到探测元上的红外辐射功率等效为一个与测量物体几何角度相同的近距离的黑体所发出的红外辐射功率，即

$$V_s = K\tau_o \int_{\Delta\lambda} \mathcal{R}_\lambda L_{b\lambda}(T_r) \mathrm{d}\lambda \tag{5.6}$$

式中，T_r 为等效黑体温度，也称辐射温度。

非制冷型红外热像仪的响应度与波长无关，则式(5.6)可改写为

$$V_s = K\tau_o \mathcal{R}_v \int_{\Delta\lambda} L_{b\lambda}(T_r) \mathrm{d}\lambda \tag{5.7}$$

令 $I(T) = \int_{\Delta\lambda} L_{b\lambda}(T) \mathrm{d}\lambda$，则由式(5.1)～式(5.5)和式(5.7)，可得

$$\begin{aligned} I(T_r) = {} & \tau_a [\varepsilon(T_0, \theta_r, \varphi_r) I(T_0) + \rho(T_0, \theta_r, \varphi_r, 2\pi) I(T_a) \\ & + \sum_{k=1}^{n} \rho(T_0, \theta_{ik}, \varphi_{ik}, \theta_r, \varphi_r) \varepsilon_s(T_{hk}, \theta_{ik}, \varphi_{ik}) I(T_{hk})] + \varepsilon_a I(T_a) \end{aligned} \tag{5.8}$$

式中，$\varepsilon(T_0,\theta_r,\varphi_r)$为温度 T_0 的被测物体在 $\lambda_1\sim\lambda_2$ 光谱区间内，在方向(θ_r,φ_r)上的平均方向发射率；$\rho(T_0,\theta_r,\varphi_r,2\pi)$为温度 T_0 的被测物体在 $\lambda_1\sim\lambda_2$ 光谱区间内，在方向(θ_r,φ_r)上的平均半球-方向反射率；$\rho(T_0,\theta_{ik},\varphi_{ik},\theta_r,\varphi_r)$为温度 T_0 的被测物体在 $\lambda_1\sim\lambda_2$ 光谱区间内、对第 k 个非均匀环境辐射物体的平均双向反射分布函数；$\varepsilon_s(T_{hk},\theta_{ik},\varphi_{ik})$为温度 T_{hk}的第 k 个非均匀环境辐射物体在 $\lambda_1\sim\lambda_2$ 光谱区间内、在方向$(\theta_{ik},\varphi_{ik})$上的平均方向发射率；$\tau_a$ 为 $\lambda_1\sim\lambda_2$ 光谱区间内大气的平均透射率；ε_a 为 $\lambda_1\sim\lambda_2$ 光谱区间内大气的平均发射率。

5.2 红外热像仪测温计算

式(5.8)是红外热像仪测温的原理公式，根据该公式从理论上可以计算出实际物体的真实温度。但是在实际计算中，有些参数的获得比较复杂，特别是非均匀环境辐射，所以需要采用一定的方法进行处理和简化运算。

将落到被测物体上的总环境辐射等效为温度为 T_B 的黑体发出的均匀辐射，即

$$I(T_B)=I(T_a)+\frac{\sum_{k=1}^{n}\rho(T_0,\theta_{ik},\varphi_{ik},\theta_r,\varphi_r)\varepsilon_s(T_{hk},\theta_{ik},\varphi_{ik})I(T_{hk})}{\rho(T_0,\theta_r,\varphi_r,2\pi)} \tag{5.9}$$

由式(5.9)可知，在相同的环境辐射条件下(包括均匀辐射和非均匀辐射)，表面结构相同的物体的等效环境辐射温度 T_B 相同。

对于大气，可认为 $\varepsilon_a=1-\tau_a$，则式(5.8)可写为

$$I(T_r)=\tau_a[\varepsilon(T_0,\theta_r,\varphi_r)I(T_0)+\rho(T_0,\theta_r,\varphi_r,2\pi)I(T_B)]+(1-\tau_a)I(T_a) \tag{5.10}$$

实际计算中，得到实际物体方向发射率的数据不可能也不现实，因此在测量中通常取 $\theta_r=0°$，这时方向发射率即为法向发射率，记为 $\varepsilon_n(T_0)$。根据参考文献[15]，一般非导电体方向发射率在 $\theta_r<60°$时基本不变，导电体的方向发射率在 $\theta_r<20°$也基本不变。而一般红外热像仪的视场角小于 20°，故可得

$$\varepsilon(T_0,\theta_r,\varphi_r)\approx\varepsilon_n(T_0)$$

类似地可得

$$\rho(T_0,2\pi,\theta_r,\varphi_r)\approx\rho_n(T_0)$$

则式(5.10)可简化为

$$I(T_r)=\tau_a[\varepsilon_n(T_0)I(T_0)+\rho_n(T_0)I(T_B)]+(1-\tau_a)I(T_a) \tag{5.11}$$

实际物体真实温度的计算公式为

$$I(T_0)=\frac{1}{\tau_a\varepsilon_n(T_0)}I(T_r)-\frac{\rho_n(T_0)}{\varepsilon_n(T_0)}I(T_B)-\frac{1-\tau_a}{\tau_a\varepsilon_n(T_0)}I(T_a) \tag{5.12}$$

通过实验发现实际物体表面 $\varepsilon_n(T_0)$ 与 $\rho_n(T_0)$ 之间存在一定的关系[16]，可表述为

$$\varepsilon_n(T_0)+\rho_n(T_0)\approx a \tag{5.13}$$

对于漫射体，易推得

$$\varepsilon_n(T_0)+\rho_n(T_0)=1 \tag{5.14}$$

则可得物体表面 $\varepsilon_n(T_0)$ 与 $\rho_n(T_0)$ 之间的关系可用式(5.13)表示，漫射体是其中的一种特例，此时 $a=1$。

由式(5.12)和式(5.13)可得

$$I(T_0)=\frac{1}{\tau_a\varepsilon_n(T_0)}I(T_r)-\frac{\mathrm{a}-\varepsilon_n(T_0)}{\varepsilon_n(T_0)}I(T_B)-\frac{1-\tau_a}{\tau_a\varepsilon_n(T_0)}I(T_a) \tag{5.15}$$

式(5.15)就是红外热像仪计算实际物体表面真实温度的公式。

当近距离测量时，$\tau_a=1$，则式(5.15)变为

$$I(T_0)=\frac{1}{\varepsilon_n(T_0)}I(T_r)-\frac{\mathrm{a}-\varepsilon_n(T_0)}{\varepsilon_n(T_0)}I(T_B) \tag{5.16}$$

由式(5.16)可知，为了得到被测物体的温度，需要知道被测物体的表面法向发射率 $\varepsilon_n(T_0)$、a 和等效背景辐射温度 T_B。$\varepsilon_n(T_0)$ 和 a 可根据实际物体的性质通过测量得到，T_B 可采用反射温度补偿法由测量得到。

当被测表面温度较高且 $\varepsilon_n(T_0)$ 较大时，可忽略环境反射辐射的影响，则式(5.16)变为

$$I(T_0)=\frac{1}{\varepsilon_n(T_0)}I(T_r) \tag{5.17}$$

5.3　实际物体温度测量实验验证

5.3.1　实验仪器介绍

1. 红外热像仪

ThermoView Ti30 热像仪是非制冷微测辐射热计焦平面红外热像仪，如图 5.1 所示，它是当代技术先进的轻型手握式红外热像仪，可及时、准确地对目标进行热成像并获得其温度值，可在液晶显示器上选择灰色、铁虹或彩虹三种调色板进行图像显示，可选择自动、半自动或手动三种测量模式。热像仪最多可存储 100 张图像，可方便地通过 USB 端口将图像下载到电脑上并进行处理。热像

仪配备应用程序 InsideIR，可用来显示、检查、分析图像和数据，发现与目标相关的定量及定性趋势。使用该软件，可根据具体的设备状况、监控及资产管理需求，定义维修数据库。Ti30 红外热像仪的主要性能参数如表 5.1 所示。

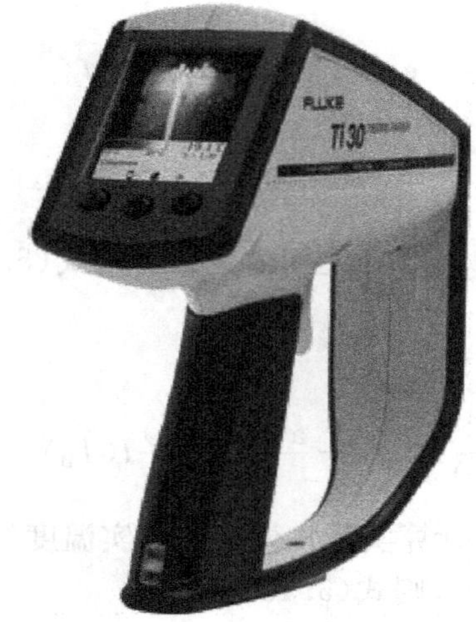

图 5.1　Ti30 红外热像仪

表 5.1　Ti30 红外热像仪的主要性能参数

测温范围	0～250℃
响应波段	7～14μm
温度分辨率	0.1℃
测温精度	±2%
光学分辨率	90∶1
视场	水平 17°×垂直 12.8°
瞬时视场	1.9mrad
最小焦距	61cm
操作环境温度	0～50℃
重量(含电池)	1kg

2. 安杰伦数采系统(Agilent 34970A)

Agilent 34970A 具有方便的数据记录特性：直接测量热电偶、热电阻、热敏电阻、直流电压(流)、交流电压(流)、电阻、频率和周期；间隔扫描存储有多达 50000 个带有时间标记的读数；灵活的数据采集特性：温度测量可以选择内部标定;电压测量可以做内部补偿;标准的 RS-232 接口可以与电脑进行可视操作,见图 5.2。

图 5.2　安杰伦数采系统

3. 黑体炉

黑体炉选用的是瑞典 AGA 公司的红外热像仪温度标定装置,见图 5.3。它的温度可调范围为 16～100℃,工作电压可在 100V、120V、140V、200V、220V、240V 之间选择,工作频率为 50～60Hz,功率为 60W。它可以将工作温度稳定在设定温度下,从而可以使物体加热到稳定温度。

图 5.3　黑体炉

5.3.2　实际物体辐射特性的实验

1. 实验步骤

(1) 将被测物体(白油漆铜板、氧化粗糙的铜板或表面光滑的铜板)贴于黑体炉表面并将其固定，用黑体炉对其进行加热。

(2) 将红外热像仪固定在支架上，使其轴线与被测物体的法线在同一直线，同时使其与被测物体的距离大于热像仪的最小焦距。调节热像仪焦距，使其清晰成像。

(3) 在一个均匀的环境温度下，分别设定黑体炉的温度为 45℃、50℃、55℃、60℃、65℃、70℃、75℃、80℃、85℃、90℃，待热电偶的读数稳定后，用热像仪测量被测物体的辐射温度，与此同时记下热电偶测得物体的真实温度；多次测量，取平均值。

(4) 在另一个均匀的环境温度下，改变黑体炉的温度，使热电偶的读数稳定后保持与前一步骤热电偶测得的物体的真实温度一一对应，用热像仪测量被测物体的辐射温度；多次测量，取平均值。

(5) 利用式(5.11)计算出被测物体的发射率和反射率(此时 $\tau_a=1$，$T_B=T_a$)。

2. 实验结果及分析

1) 表面氧化、粗糙的铜板

图 5.4 表示氧化、粗糙铜板的发射率、反射率及发射率与反射率之和随铜板的真实温度的变化规律。由图 5.4 可知，随着铜板温度的增高，其表面发射率略有升高，但变化不大，其平均值为 0.82，其反射率略有降低，但变化不大，其平均值为 0.17，其发射率与反射率之和基本上保持不变，其平均值为 0.99。

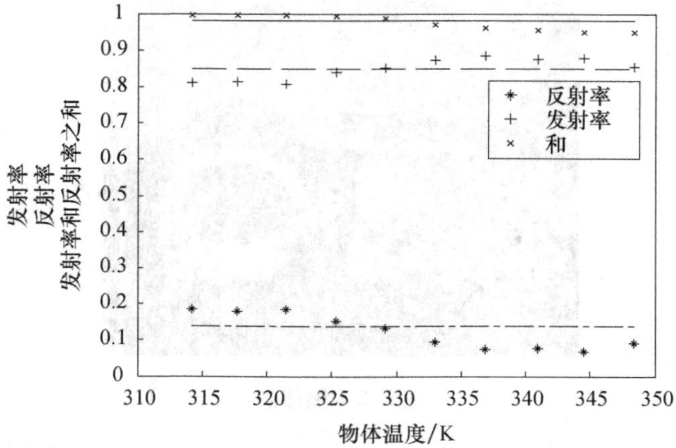

图 5.4 铜板的发射率、反射率以及发射率与反射率之和随铜板温度的变化

图 5.5 表示氧化、粗糙铜板的真实温度、实际物体修正后的测量温度和灰体近似的测量温度随铜板温度的变化规律。由图 5.5 可知，实际物体修正后的测

量温度与灰体近似的测量温度都与铜板的真实温度比较接近，其最大误差分别只有 0.9％和 1.6％，都能满足热像仪的精度要求。因此氧化、粗糙的铜板在测温时可视为漫射体，可不对其进行实际物体修正。

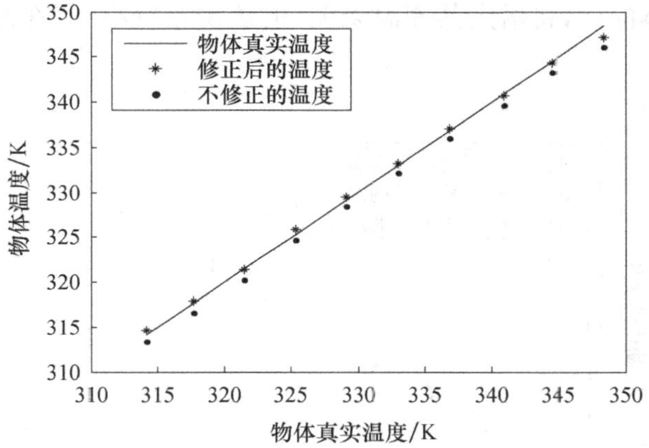

图 5.5　铜板的真实温度、修正后的温度和不修正的温度随铜板温度的变化

2）表面涂白油漆的铜板

图 5.6 表示白油漆板的发射率、反射率以及发射率与反射率之和随白油漆板的真实温度的变化规律。由图 5.6 可知，随着物体温度增高，其表面发射率略有降低，但变化不大，其平均值为 0.93，其反射率略有升高，但变化不大，其平均值为 0.05，其发射率与反射率之和略有减小，但变化不大，其平均值为 0.98。

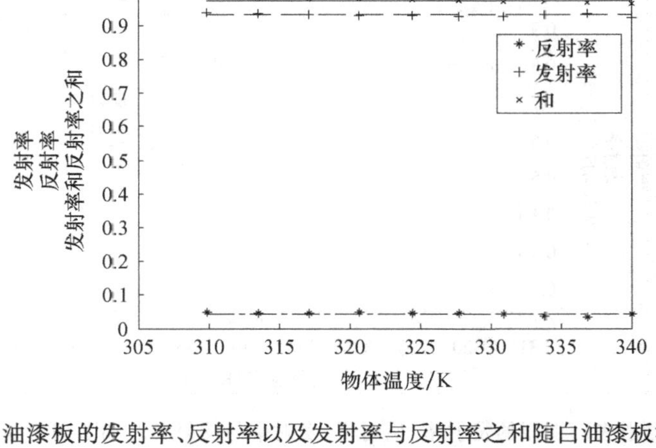

图 5.6　白油漆板的发射率、反射率以及发射率与反射率之和随白油漆板温度的变化

图 5.7 表示白油漆板的真实温度、实际物体修正后的测量温度、灰体近似的测量温度随其真实温度的变化规律。由该图可知,采用灰体近似所得的测量温度与物体的真实温度有一定的偏差,其最大误差为 3.0%,而进行实际物体修正后的测量温度与真实温度比较接近,其最大误差只有 1.6%。这说明若将白油漆板视为漫射体的话,将增大其测温误差,但该误差较小,故在测温时仍可将其视为漫射体。

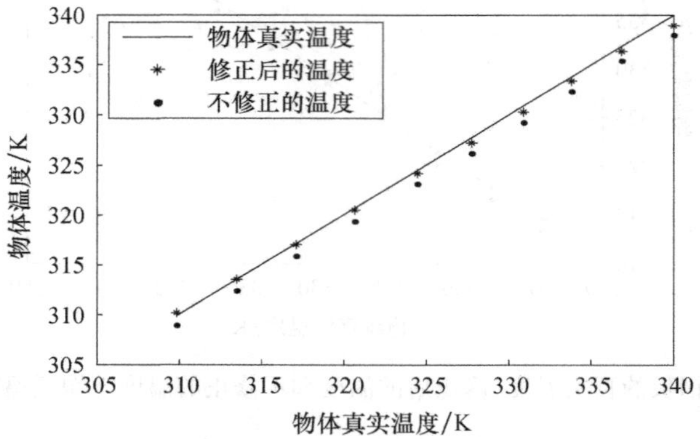

图 5.7　白油漆板真实温度、修正后的温度和不修正的温度随铜板温度的变化

3）表面光滑的铜板

图 5.8 表示光滑表面铜板的发射率、反射率及发射率与反射率之和随铜板真实温度的变化规律。由该图可知,随着物体温度的增高,其表面发射率逐渐减

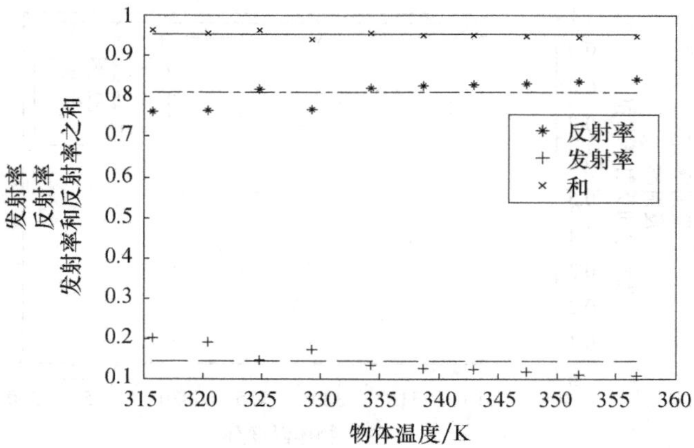

图 5.8　光滑表面铜板的发射率、反射率、发射率与反射率之和随铜板温度的变化

小，其反射率逐渐升高，其发射率与反射率之和略有减小，但变化不大，其平均值为 0.95。

图 5.9 表示光滑表面铜板的真实温度、实际物体修正后的测量温度、灰体近似的测量温度随其真实温度的变化规律。由该图可知，采用灰体近似所得的测量温度与物体的真实温度的偏差非常大，其最大误差高达 29.9%，最小误差也达 24.4%；而进行实际物体修正后的测量温度与真实温度比较接近，其测温误差明显减小，其最大误差为 8.0%，大部分的测温数值的误差都在 3%以下。这说明表面光滑的铜板在测温时若采用灰体近似的话，将不能准确地测量其真实温度，必须对其进行实际物体的修正，进行修正后，能基本满足测温精度的要求。

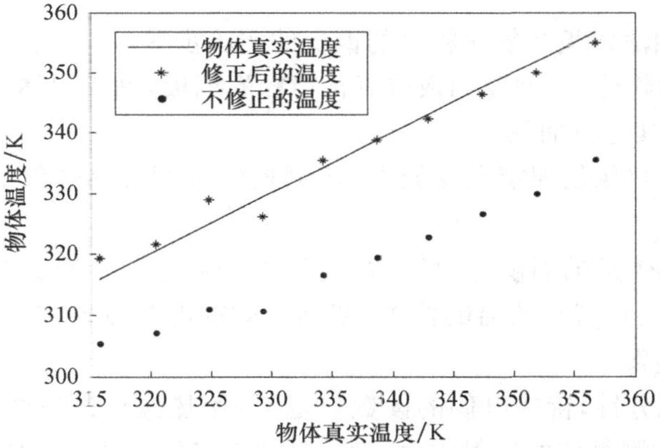

图 5.9　光滑表面铜板的真实温度、修正后的温度和不修正的温度随铜板温度的变化

4）综合分析

对于表面氧化、粗糙的铜板，其发射率与反射率之和约为 0.99，接近于 1，它可视为漫射体，其测温误差能控制在要求的范围内；对于表面涂白油漆的铜板，其发射率与反射率之和约为 0.98，若不对其测温进行实际物体修正的话，其测温误差将在一定程度上增大，但其数值较小，故仍可将其视为漫射体；对于表面光滑的铜板，其发射率与反射率之和约为 0.95，若不对其进行实际物体修正的话，将产生很大的测温误差，不能准确地测量其表面温度，进行实际物体修正后，其测温误差显著地减小，能较为准确地获得其表面温度。

由实际物体特性的实验，可得到以下结论：

(1) 在一定的温度范围内，物体的发射率与反射率之和基本保持不变，可略等于一定值 a。

(2) 物体的发射率与反射率之和 a 与物体种类、表面状况及物体温度有关。

物体与漫射体越接近，a 越大，其值越接近于 1；物体表面状况偏离漫射体越远，表面越光滑，a 越小。

(3) 可将表面粗糙的物体视为漫射体，无需进行实际物体修正；对于表面光滑的物体但发射率较高的物体，若将其视为漫射体，将产生一定的测温误差，但该误差数值较小，故仍可将其视为漫射体；对于表面光滑且发射率较低的物体，不可将其视为漫射体，否则将产生很大的测温误差，必须对其进行实际物体修正，修正后能较为准确地测量其表面温度。

5.3.3　被测物体周围存在高温物体的反射温度补偿法实验

1. 实验步骤

下面是白油漆铜板和氧化粗糙的铜板的实验步骤：

(1) 将被测物体(白油漆铜板或氧化粗糙的铜板)贴于黑体炉表面并将其固定，用黑体炉对其进行加热。

(2) 将红外热像仪固定在支架上，按测量要求调节热像仪的位置并进行调焦，使成像清晰。

(3) 设定黑体炉的温度，用黑体炉对被测物体进行加热。在被测物体附近安放一高温物体，设置加热器的位置，使其发射的能量投射到被测物体的表面，接通加热器的电源。

(4) 等待几分钟，待热电偶的读数稳定后，用热像仪进行测温，将发射率设置为已知的该被测物体的发射率值，则得到的是未经补偿的物体的表面温度，同时记下热电偶测得的物体真实温度。

(5) 将铝箔放在热像仪的视场内，放在目标表面前面并与之平行。将热像仪的发射率设置为 1，测量反射镜表面的表观温度，此温度是目标的反射温度。记下此温度值。多次测量，记下平均值。

(6) 移去铝箔，按正常的测量方法测量被测目标的温度，当要设定环境温度时，将第 5 步所得平均值输入，则所测得的温度即是反射温度补偿后的被测物体温度。

(7) 分别设定黑体炉的温度为 45℃、50℃、55℃、60℃、65℃、70℃、75℃、80℃、85℃、90℃，待热电偶的读数稳定后，用上述的测量方法分别测出被测物体表面的真实温度、未经补偿的物体表面温度和反射温度补偿后物体的表面温度。

对于表面光滑的铜板，其实验步骤有一定差别。其采用表面光滑的铜板作为红外反射镜；在测得反射镜表面的表观温度后，需要用式(5.16)算出等效环境辐射温度 T_B；在测得被测物体的辐射温度后，再根据式(5.16)分别代入 T_a 和

T_B 算出未经补偿的物体表面温度和反射温度补偿后的被测物体温度。

2. 实验结果及分析

1）表面氧化、粗糙的铜板

图 5.10 表示氧化、粗糙铜板的真实温度、反射温度补偿后的物体温度、未补偿的物体温度随铜板真实温度的变化规律。图 5.11 表示氧化、粗糙铜板的反射温度补偿后的测温误差、未补偿的测温误差随铜板真实温度的变化规律。由图 5.10 和图 5.11 可知，在周围存在高温物体的情况下，如果不对测温进行补偿修正，测温结果将与真实温度产生一定的偏差，其最大偏差达到 2.6℃，测温误差的最大值为 6.3%；随着物体温度的升高，测温温差有逐渐减小的趋势，这是因

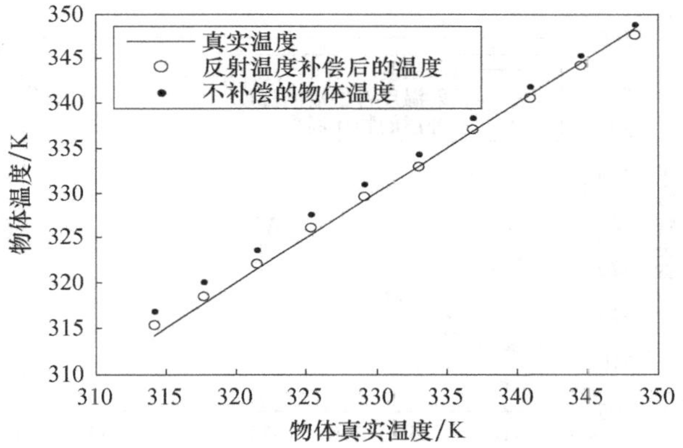

图 5.10　氧化、粗糙铜板的真实温度、反射温度补偿后的温度和不补偿的温度随铜板温度的变化

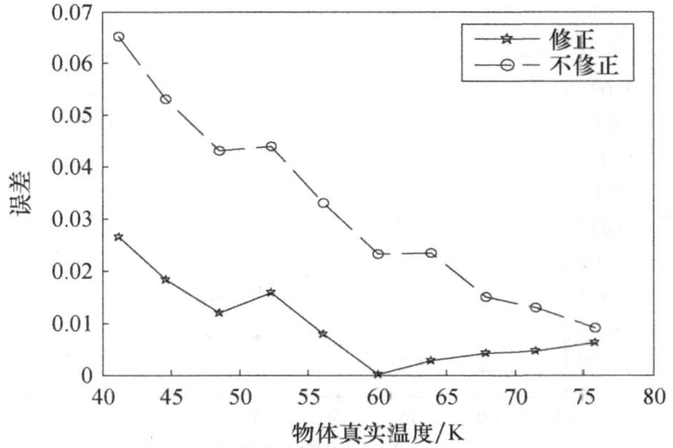

图 5.11　氧化、粗糙铜板的反射温度补偿后的测温误差、未补偿的测温误差随铜板真实温度的变化

为随着物体温度的升高，周围高温物体对物体的影响逐渐减小。为了提高测温的精度，在存在高温物体的情况下，需要对测温进行补偿修正。经过补偿后，测温结果与真实温度基本符合，其最大偏差只有 0.6℃，测温误差比较稳定，测温误差的最大值只有 1.1%。这说明经过补偿后，测温精度有了很大的提高，能较为准确地测量铜板的温度。

2）表面涂白油漆的铜板

图 5.12 表示白油漆板的真实温度、反射温度补偿后的物体温度、未补偿的物体温度随铜板真实温度的变化规律。图 5.13 表示白油漆板的反射温度补偿后的测温误差、未补偿的测温误差随铜板真实温度的变化规律。由图 5.12 和图 5.13 可知，在周围存在高温物体的情况下，如果不对测温进行补偿修正，测温结

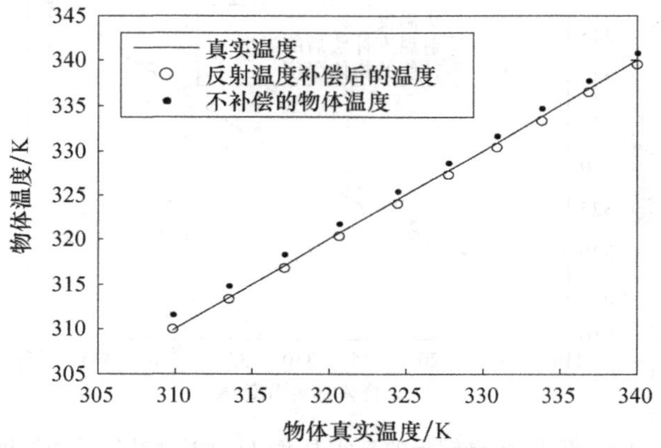

图 5.12 白油漆板的真实温度、反射温度补偿后的温度和未补偿的温度随铜板温度的变化

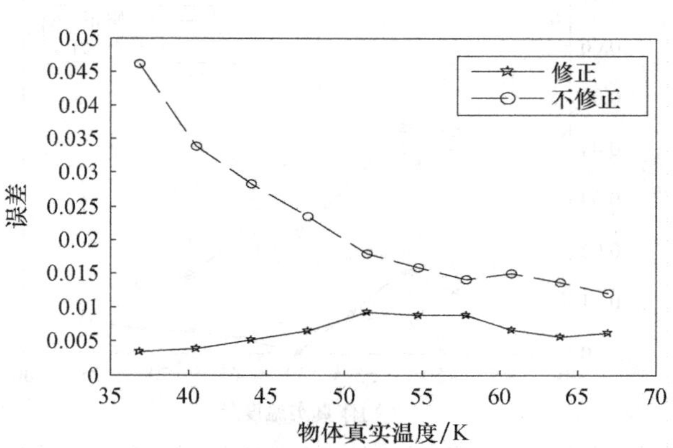

图 5.13 白油漆板反射温度补偿后的测温误差、未补偿的测温误差随铜板的真实温度的变化

果将与真实温度产生一定的偏差，其最大偏差达到 1.7℃，测温误差的最大值为 4.6%；随着物体温度的升高，测温温差逐渐减小，这是因为随着物体温度的升高，周围高温物体对物体的影响逐渐减小。为了提高测温的精度，在周围存在高温物体的情况下，需要对测温进行补偿修正。经过补偿后，测温结果与真实温度基本符合，其最大偏差只有 0.5℃，测温误差比较稳定，测温误差的最大值只有 0.9%。这说明经过补偿后，测温精度有了很大提高，能较为准确地测量白油漆板的温度。

3）表面光滑的铜板

图 5.14 表示表面光滑的铜板真实温度、反射温度补偿后的物体温度、未补偿的物体温度随铜板真实温度的变化规律。图 5.15 表示表面光滑的铜板的反射温度补偿后的测温误差、未补偿的测温误差随铜板真实温度的变化规律。由图 5.14 和图 5.15 可知，在周围存在高温物体的情况下，如果不对测温进行补偿修正，测温结果将与真实温度产生很大的偏差，其最大偏差高达 16.8℃，测温误差的最大值为 31.1%；随着物体温度的升高，测温温差有逐渐减小的趋势，这是因为随着物体温度的升高，周围高温物体对物体的影响逐渐减小。为了提高测温的精度，在周围存在高温物体的情况下，需要对测温进行补偿修正。经过补偿后，测温结果与真实温度基本符合，其最大偏差为 2.1℃，测温误差比较稳定，测温误差的最大值为 5.0%。这说明经过补偿后，测温精度有了很大的提高，基本能准确地测量光滑铜板的温度。

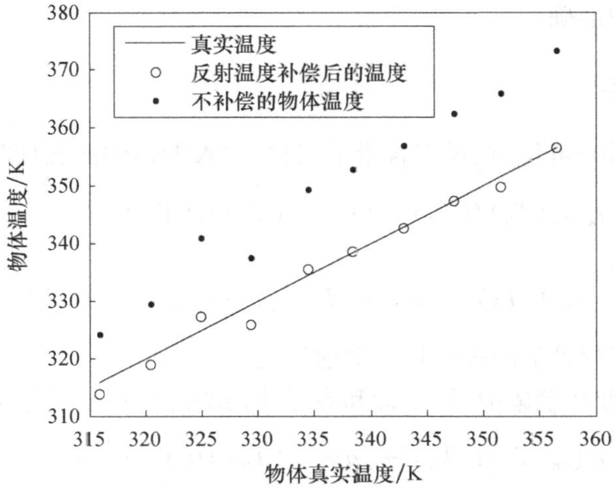

图 5.14 表面光滑铜板的真实温度、反射温度补偿后的温度和未补偿的温度随铜板温度的变化

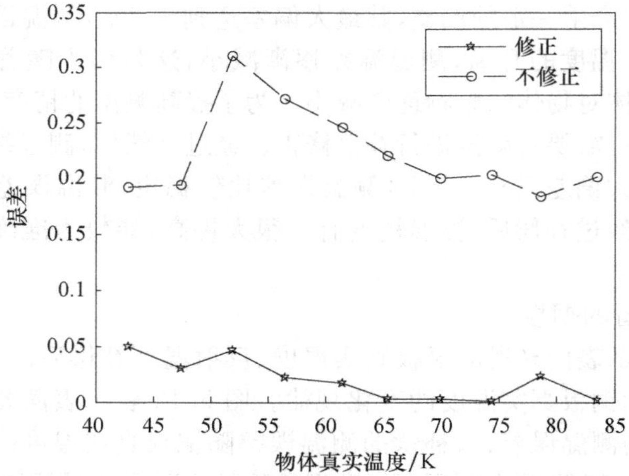

图 5.15 表面光滑铜板的反射温度补偿后的测温误差、未补偿的测温误差随铜板的真实温度的变化

5.4 一种测量实际物体发射率的实用方法

该方法是在双背景法的基础上得出，但其背景的改变不是通过改变环境温度，而是通过外加一个辐射源的方法得到，同时它考虑了被测物体的表面特性，故而更加实用和准确。

5.4.1 测量原理

根据式(3.10)可得，在现有背景下，目标和参考体的测温计算公式分别为

$$I(T_{r1})=\tau_a\{\varepsilon_n(T_0)I(T_0)+[a-\varepsilon_n(T_0)]I(T_{B1})\}+(1-\tau_a)I(T_a) \tag{5.18}$$

$$I(T_{r3})=\tau_a[\varepsilon_r I(T_R)+(b-\varepsilon_r)I(T_{B1})]+(1-\tau_a)I(T_a) \tag{5.19}$$

式中，T_{B1}为现有背景下的等效环境辐射温度。

同样的，改变环境辐射后，目标和参考体的测温计算公式分别为

$$I(T_{r2})=\tau_a\{\varepsilon_n(T_0)I(T_0)+[a-\varepsilon_n(T_0)]I(T_{B2})\}+(1-\tau_a)I(T_a) \tag{5.20}$$

$$I(T_{r4})=\tau_a[\varepsilon_r I(T_R)+(b-\varepsilon_r)I(T_{B2})]+(1-\tau_a)I(T_a) \tag{5.21}$$

式中，T_{B2}为改变环境辐射后的等效环境辐射温度。

根据式(5.18)～式(5.21)可得目标的表面发射率为

$$\varepsilon_n(T_0) = a - (b - \varepsilon_r)\frac{I(T_{r2}) - I(T_{r1})}{I(T_{r4}) - I(T_{r3})} \tag{5.22}$$

式中，a 为被测物体的表面发射率与反射率之和；b 为参考体的表面发射率与反射率之和。当被测物体为漫射体时，则需要选用漫射体作为参考体，则 $a=b=1$，则此时式(5.22)与式(3.39)相同。

5.4.2　实验验证

准备一个与被测物体表面结构相似、已知表面发射率为 ε_R 的物体作为参考体，将其放在待测目标前面并与之平行，在现有背景下分别测量目标和参考体的辐射温度，分别得到 T_{r1} 和 T_{r3}；然后改变环境辐射，其方法为外加一个辐射源，再分别测量目标和参考体的辐射温度，分别得到 T_{r2} 和 T_{r4}；利用式(5.22)即可计算得到目标的表面法向发射率。

选取涂有白油漆的铜板作为被测物体，白漆板贴在黑体炉加热面上，用黑体炉对其进行加热。选取贴有白纸的纸板作为参考体，用 Ti30 红外热像仪进行测温，在环境温度为 27℃下进行测量，测得白漆板的辐射温度为 T_{r1}；将白纸板放在白漆板前面并与之平行，用热像仪测得其辐射温度为 T_{r3}。将加热器(400W)作为辐射源，将其对着白漆板，接通电源，待其加热稳定后进行测温，用上面的方法，类似地可得到在改变环境辐射后白漆板和参考体的辐射温度分别为 T_{r2} 和 T_{r4}。白纸可视为漫射面，则$b=1$。对于白油漆，经过测量，$a=0.98$。根据式(5.22)，可计算得到白漆的表面发射率。改变黑体炉的温度，通过上述的测量及计算方法，得到如表 5.2 所示的几组数据。

表 5.2　实验数据与结果

T_{r1}/℃	T_{r2}/℃	T_{r3}/℃	T_{r4}/℃	ε
35.3	36.7	27.8	29.4	0.933
38.5	39.8	28.0	29.5	0.932
41.8	43.1	27.9	29.5	0.934
45.1	46.4	28.0	29.4	0.925
48.6	49.8	28.0	29.6	0.934
51.5	52.7	28.0	29.6	0.933
54.4	55.6	28.1	29.7	0.934
57.2	58.4	28.0	29.6	0.931

续表

T_{r1}/℃	T_{r2}/℃	T_{r3}/℃	T_{r4}/℃	ε
60.0	61.2	28.2	29.8	0.931
62.5	63.7	28.1	29.7	0.929

根据参考文献[17],可知白油漆的表面发射率为0.93,同时根据5.3.2节的实验测定结果可知,白油漆面的平均发射率为0.93,故而可知该发射率测量方法所得的白漆的发射率是完全准确的。这说明了该发射率测量方法的准确性和可行性,可在实际测量中得到运用和推广。

参考文献

[1] 邢素霞,张俊举,常本康,等.非制冷红外热成像技术的发展与现状[J].红外与激光工程,2004,33(5):441—444.

[2] 杨立.红外热像仪测温计算与误差分析[J].红外技术,1999,21(4):20—24.

[3] 侯成刚,张广明,赵明涛,等.用红外热成像技术精确测定物体发射率[J].红外与毫米波学报,1997,16(3):193—198.

[4] 张才根.常温物体表面真实温度的亮度法测量[J].物理学报,1982,31(9):1191—1197.

[5] 李云红,孙晓刚,原桂彬.红外热像仪精确测温技术[J].光学精密工程,2007,15(9):1336—1341.

[6] 程晓舫,王安全,符泰然.表面辐射测温方法的设计原理[J].光谱学与光谱分析,2003,23(2):232—235.

[7] Inagaki T,Okamoto Y. Surface temperature measurement near ambient conditions using infrared radiometers with different detection wavelength bands by applying a grey-body approximation estimation of radiative properties for non-metal surfaces [J]. NDT&E International,1996,29(6):363—369.

[8] Pokorni S. Error analysis of surface temperature measurement by infrared sensor [J]. International Journal of Infrared and Millimeter Waves,2004,25(10):1523—1533.

[9] Johnson R. On the validity and techniques of temperature and emissivity measurements[J]. SPIE,1988,934:202—206.

[10] Robert P. Emissivity measurement and temperature correction accuracy considerations[C]. SPIE,1999,3700:393—401.

[11] Ibos L,Marchetti M,Boudenne A,et al. Infrared emissivity measurement device:Principle and applications[J]. Measurement Science and Technology,2006,17:2950—2956.

[12] Mazikowski A. Non-contact multiband emissivity measurements[C]. SPIE,2003,5124:240—243.

[13] Especel D,Mattel S. Total emissivity measurement without use of an absolute reference[J]. Infrared Physics & Technology,1996,37:777—784.

[14] 刘国起. 红外测温仪不能用于不锈钢类材料温度的测量[J]. 设备管理与维修,2008,39(3):57.

[15] 杨士铭,陶文铨. 传热学[M]. 北京:高等教育出版社,1998:251,252.

[16] 杨桢,张士成,杨立. 非郎伯体红外测温计算研究[J]. 光谱学与光谱分析,2010,30(8):2093—2097.

[17] Fluke. Ti30 User Manual [M]. USA:Fluke Corporation,2005:38—56.

第 6 章　基于变谱法的红外热像仪测温技术

由于热成像测温技术具有测温速度快、测温面积大、测温分辨率高和非接触、不干扰被测表面温度场等优点，已在发电机、变压器、电力线路和断路器等电气设备的红外检测，机器设备的状态监测，半导体元件和集成电路的质量筛选和故障诊断，石化设备的故障诊断，火灾的探测，材料内部缺陷的无损检测以及传热研究等领域得到广泛的应用，并取得了可观的经济效益[1]。单波段红外热像仪的应用最为广泛，为得到被测物体的表面温度，需要事先通过查表查找被测物体发射率或通过一些方法测得发射率[2]。然而发射率受众多因素的影响，用查表或测量法得到的被测物体的发射率存在一定误差，某些情况下误差较大，而发射率误差的存在将会增大被测物体表面温度的测温误差。在某些特殊条件下(如高温物体及带电的物体)发射率不能通过测量得到，这就需要得到一种无需事先知道发射率就能得到被测物体表面温度的方法。对于温度与发射率分离的方法，目前多是采用双波段热像仪或多波长辐射计来进行测量，但是双波段热像仪仅能用于灰体的测量，而多波长辐射计主要用于高温物体的测量[2]，同时在一定的波长范围内，增加波长数会导致拟合温度的不确定度增大，从而导致测温误差增大[3,4]。对于单波段红外热像仪，还没有相应的温度与发射率分离的测温方法，这就限制了温度与发射率分离的方法在红外成像测温的应用。目前谱色测温已经较成功地进行了温度与发射率的分离[5]，本章利用谱色测温中温度与发射率分离的思路，采取将单波段热像仪进行多波段处理的方法推导得到一种单波段红外热像仪测温的变谱法，从而在无需知道物体表面发射率的情况下得到被测物体的表面温度，这将提高红外测温的准确性和精度。

6.1　红外热像仪测温原理与计算

6.1.1　红外热像仪测温原理

红外热像仪测温靠接收被测物体表面发射的辐射来确定其温度。实际测量时，热像仪接收到的有效辐射包括三部分：目标自身辐射、环境反射辐射和大气辐射。

在被测目标充满热像仪瞬时视场的情况下，被测目标表面的辐射亮度为

$$L_{\lambda 1} = \varepsilon(\lambda, T_0, \theta_r, \varphi_r) L_{b\lambda}(T_0) + \rho(\lambda, T_0, \theta_r, \varphi_r, 2\pi) \varepsilon_a L_{b\lambda}(T_u) \tag{6.1}$$

式中，等号右边第一部分为表面自身的光谱辐射亮度，第二部分为物体表面反射的环境辐射的光谱辐射亮度；T_0 为被测物体的温度；T_u 为环境温度；$\varepsilon(\lambda, T_0, \theta_r, \varphi_r)$为温度 T_0 的被测物体在方向(θ_r, φ_r)上的方向光谱发射率；$\rho(\lambda, T_0, \theta_r, \varphi_r, 2\pi)$为温度 T_0 的被测物体在方向(θ_r, φ_r)上的光谱半球-方向反射率。

作用于热像仪的辐射亮度为

$$L_\lambda = \tau_{a\lambda} L_{\lambda 1} + \varepsilon_{a\lambda} L_{b\lambda}(T_a) \tag{6.2}$$

式中，$\tau_{a\lambda}$为大气的光谱透射率；$\varepsilon_{a\lambda}$为大气的光谱发射率。

若目标充满整个瞬时视场，则作用于热像仪的辐射照度为[6]

$$E_\lambda = \frac{A_0}{d^2} L_\lambda = \Omega_s L_\lambda \tag{6.3}$$

式中，A_0 为热像仪瞬时视场所对应的目标的面积；d 为目标到热像仪之间的距离；Ω_s 为热像仪的瞬时视场角。

入射在探测器上的该波长的辐射功率为

$$P_\lambda = E_\lambda \cdot A_R \cdot \tau_{o\lambda} = \tau_{o\lambda} \Omega_s A_R L_\lambda \tag{6.4}$$

式中，A_R 为热像仪透镜的面积；$\tau_{o\lambda}$为光学系统的光谱透过率。

辐射能量经过探测器转换成信号电压，与辐射功率相应的信号电压为

$$V_s = \int_{\Delta\lambda} P_\lambda \mathcal{R}_\lambda \mathrm{d}\lambda = \Omega_s A_R \int_{\Delta\lambda} \tau_{o\lambda} \mathcal{R}_\lambda L_\lambda \mathrm{d}\lambda \tag{6.5}$$

式中，$\mathcal{R}_\lambda$为探测器的光谱响应度，它表示红外探测器把红外辐射转变为电信号的能力。

信号电压经过信号处理，最终所产生的对应数字图像的灰度级，则得到[7]

$$G_s = K_1 V_s + K_2 \tag{6.6}$$

式中，K_1、K_2 分别为热像仪的系统增益和补偿。

6.1.2　热探测器响应度分析

非制冷红外热像仪的探测器主要有微测辐射热计和热释电探测器两种，下面对这两种探测器分别进行分析。

1. 微测辐射热计

微测辐射热计热像仪的敏感结构是利用微机械加工技术在硅读出电路上制作“绝缘”结构，并在其上面采用半导体生长技术形成一层热敏电阻材料以测量

热辐射的微小变化。根据参考文献[8]，非制冷微测辐射热计的响应度为

$$\mathfrak{R}_{\mathrm{v}}=V_{\mathrm{b}}\frac{RR_{\mathrm{L}}\alpha}{(R+R_{\mathrm{L}})^{2}}\frac{1}{g}\frac{1}{1+\beta\dfrac{R-R_{\mathrm{L}}}{R+R_{\mathrm{L}}}} \tag{6.7}$$

式中，V_{b} 为偏置电压；R_{L} 为负载电阻；g 为微测辐射热计的热导；α 为电阻温度系数；β 为热电参数，$\beta=\alpha\mathrm{d}T$；$\mathrm{d}T$ 为探测器温度的增加值；R 为微测辐射热计的电阻，与探测器的温度有关，可记为 $R(T)$。各参数之间的关系可以通过偏置电路的等效电路图来说明，如图 6.1 所示。

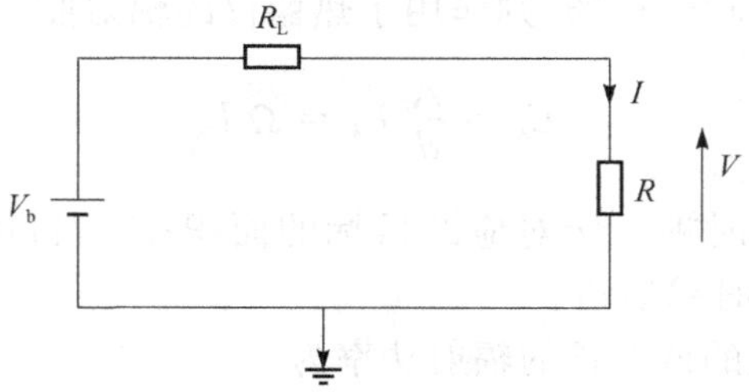

图 6.1　偏置电路的等效电路图[8]

由于 $\alpha,\beta,R(T)$ 是温度的函数，故探测器温度的变化会引起 $\alpha,\beta,R(T)$ 的变化，使响应度 $\mathfrak{R}_{\mathrm{v}}$ 发生改变。

2. 热释电探测器

热释电探测器是一种发展较晚的探测器。目前，不仅单元热释电探测器已发展成熟，而且多元列阵元件也成功地获得应用。热释电探测器已在红外热成像、红外热像管、非接触测温、入侵报警、红外光谱仪、激光测量等方面获得了应用，已成为一种重要的红外探测器。其响应度为[9]

$$\mathfrak{R}_{\mathrm{v}}=\frac{A\lambda\alpha\omega}{g}\frac{R}{(1+\omega^{2}\tau_{\mathrm{e}}^{2})^{1/2}}\frac{1}{(1+\omega^{2}\tau_{\mathrm{T}}^{2})^{1/2}} \tag{6.8}$$

式中，A 为探测器电极面积；g 为器件与周围环境的总热导；α 为器件吸收率；τ_{e} 为器件的电时间常数；τ_{T} 为器件的热时间常数；ω 为调制频率；R 为热释电探测器的总电阻；λ 为热电系数，$\lambda=\partial P_{\mathrm{s}}/\partial T$，它是温度的函数，其中 P_{s} 为热电材料自发极化强度。热释电探测器的热电晶体为硫酸三甘肽（TGS）时，P_{s} 和 T 的关系如图 6.2 所示。由于 P_{s} 和 T 并非线形关系，故 T 影响 λ 的值，进而影响 $\mathfrak{R}_{\mathrm{v}}$ 的值。

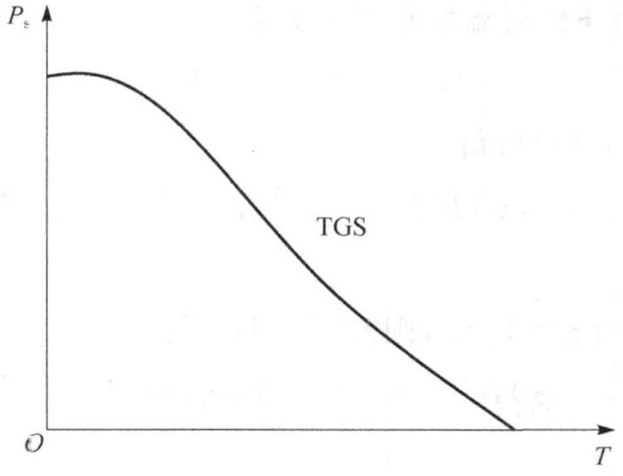

图 6.2　热电势与温度的关系[9]

根据对微测辐射热计和热释电探测器的响应度的分析可知，非制冷红外热像仪的响应度与波长无关，只与探测器温度有关。而探测器采用热电制冷器，使探测器衬底温度保持稳定，且稳定精度要求高于 0.01℃，则引起探测器温度变化的原因是入射到探测器上的红外辐射功率的变化。因此探测器的响应度仅随入射到探测器上的红外辐射功率变化。

6.1.3　非制冷红外热像仪测温计算

由于非制冷红外热像仪的响应度与波长无关，则根据式(6.5)、式(6.6)可得

$$G_s = K_1\Omega_s A_R \mathcal{R}_v \int_{\Delta\lambda} \tau_{o\lambda} L_{\lambda 1} \lambda + K_2 \tag{6.9}$$

由于热像仪工作在一个很窄的波段，对于发射率、反射率、大气透射率、光学系统的光谱透过率取响应波段的平均值，令 $I(T) = \int_{\Delta\lambda} L_{b\lambda}(T)\mathrm{d}\lambda$，则可得到

$$\begin{aligned} G_s = K_1\tau_o\Omega_s A_R\mathcal{R}\ \{\tau_a[\varepsilon(T_0,\theta_r,\varphi_r)I(T_0) \\ + \rho(T_0,\theta_r,\varphi_r,2\pi)\varepsilon_a I(T_u)] + \varepsilon_a I(T_a)\} + K_2 \end{aligned} \tag{6.10}$$

式中，τ_o 为 $\lambda_1 \sim \lambda_2$ 光谱区间内光学系统的平均透射率；τ_a 为 $\lambda_1 \sim \lambda_2$ 光谱区间内大气的平均透射率；ε_a 为 $\lambda_1 \sim \lambda_2$ 光谱区间内大气的平均发射率；$\varepsilon(T_0,\theta_r,\varphi_r)$ 为温度 T_0 的被测物体在 $\lambda_1 \sim \lambda_2$ 光谱区间内，在方向 (θ_r,φ_r) 上的平均方向发射率；$\rho(T_0,\theta_r,\varphi_r,2\pi)$ 为温度 T_0 的被测物体在 $\lambda_1 \sim \lambda_2$ 光谱区间内，在方向 (θ_r,φ_r) 上的平均半球-方向反射率。

令 $K_1\tau_o\Omega_s A_R\mathcal{R} = K$，得

$$G_s = K\{\tau_a[\varepsilon(T_0,\theta_r,\varphi_r)I(T_0) + \rho(T_0,\theta_r,\varphi_r,2\pi)\varepsilon_a I(T_u)] + \varepsilon_a I(T_a)\} + K_2 \tag{6.11}$$

热像仪的灰度值与辐射温度有如下关系：

$$G_s = KI(T_r) + K_2 \tag{6.12}$$

则由式(6.11)和式(6.12)可得

$$I(T_r) = \tau_a[\varepsilon(T_0,\theta_r,\varphi_r)I(T_0) + \rho(T_0,\theta_r,\varphi_r,2\pi)\varepsilon_a I(T_u)] + \varepsilon_a I(T_a) \tag{6.13}$$

对于大气，可认为 $\varepsilon_a = 1 - \tau_a$，则式(6.13)可写为

$$I(T_r) = \tau_a[\varepsilon(T_0,\theta_r,\varphi_r)I(T_0) + \rho(T_0,\theta_r,\varphi_r,2\pi)I(T_u)] + (1-\tau_a)I(T_a) \tag{6.14}$$

实际计算中，得到物体方向发射率的数据不可能也不现实，因此在测量中通常取 $\theta_r = 0°$，这时方向发射率即为法向发射率，记为 $\varepsilon_n(T_0)$。根据参考文献[10]，一般非导电体方向发射率在 $\theta_r < 60°$ 时基本不变，导电体的方向发射率在 $\theta_r < 20°$ 也基本不变。而一般红外热像仪的视场角小于 20°，所以可得 $\varepsilon(T_0,\theta_r,\varphi_r) \approx \varepsilon_n(T_0)$，类似可得 $\rho(T_0,2\pi,\theta_r,\varphi_r) \approx \rho_n(T_0)$。

式(6.14)可简化为

$$I(T_r) = \tau_a[\varepsilon_n(T_0)I(T_0) + \rho_n(T_0)I(T_u)] + (1-\tau_a)I(T_a) \tag{6.15}$$

则物体真实温度的计算公式为

$$I(T_0) = \frac{1}{\tau_a\varepsilon_n(T_0)}I(T_r) - \frac{\rho_n(T_0)}{\varepsilon_n(T_0)}I(T_u) - \frac{1-\tau_a}{\tau_a\varepsilon_n(T_0)}I(T_a) \tag{6.16}$$

对于朗伯体，易推得

$$\varepsilon_n(T_0) + \rho_n(T_0) = 1 \tag{6.17}$$

则由式(6.16)和式(6.17)可得

$$I(T_0) = \frac{1}{\tau_a\varepsilon_n(T_0)}I(T_r) - \frac{1-\varepsilon_n(T_0)}{\varepsilon_n(T_0)}I(T_u) - \frac{1-\tau_a}{\tau_a\varepsilon_n(T_0)}I(T_a) \tag{6.18}$$

式(6.18)就是非制冷红外热像仪计算物体表面真实温度的公式。其对应的红外热像仪测温的原理图如图 6.3 所示。

当近距离测量时，$\tau_a = 1$，则式(6.18)变为

$$I(T_0) = \frac{1}{\varepsilon_n(T_0)}I(T_r) - \frac{1-\varepsilon_n(T_0)}{\varepsilon_n(T_0)}I(T_u) \tag{6.19}$$

当被测表面温度较高且 $\varepsilon_n(T_0)$ 较大时，可忽略环境反射辐射的影响，则式(6.19)变为

$$I(T_0) = \frac{1}{\varepsilon_n(T_0)}I(T_r) \tag{6.20}$$

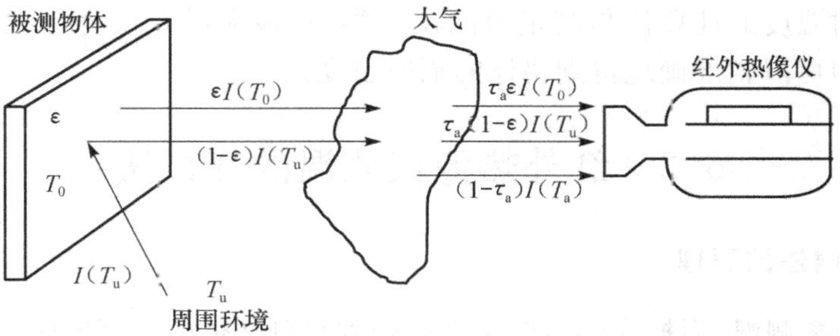

图 6.3　红外热像仪测温原理图

6.1.4　测温公式准确性的实验验证

选取涂有白油漆的铜板作为被测物体，白油漆的发射率 ε 为 0.95。油漆板后焊有热电偶，热电偶的读数由安杰伦数采系统读出，该温度即为油漆板的真实温度。白漆板贴在黑体炉加热面上，用黑体炉对其进行加热。用美国 Fluke 公司的 Ti30 红外热像仪进行测温，该热像仪工作于 7～14μm 波段。经测量环境温度为 27℃。设定黑体炉温度，对油漆板进行加热，待热电偶的读数稳定后，记下该数值，其为物体的真实温度。用热像仪测温，设定辐射系数为 1，测得白漆板的辐射温度。在发射率、环境温度已知的条件下用式(6.15)可计算得到物体的辐射温度。改变黑体炉的温度，通过上述的测量及计算方法，可得到不同物体温度情况下辐射温度的测量值和计算值。

图 6.4 表示油漆板的辐射温度的测量值及计算值随油漆板的表面温度的变化情况。由图可知，辐射温度的计算值与测量值能够较好地吻合，其最大误差为

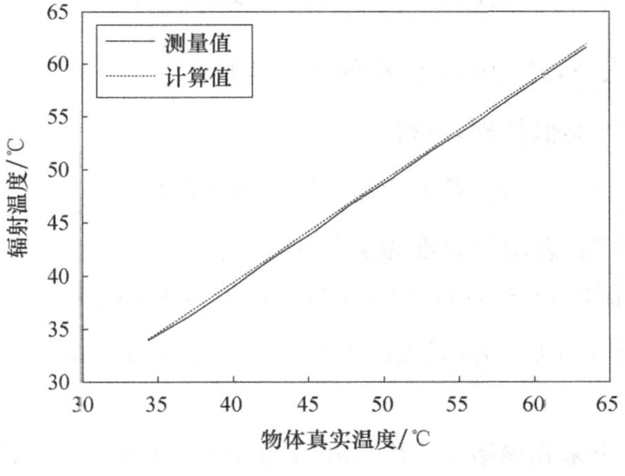

图 6.4　辐射温度的测量值与计算值随油漆板真实温度的变化

0.4℃,辐射温度的计算值与测量值的误差很小,最大误差仅为1.1%。这说明用式(6.15)可以较准确地得到物体的辐射温度。

6.2 红外热像仪测温的变谱法

6.2.1 变谱法的原理

对近距离测温,根据式(6.16)可知要得到被测物体的表面温度,需要知道热像仪测得的辐射温度 T_r、物体表面法向发射率 $\varepsilon_n(T_0)$、物体表面法向反射率 $\rho_n(T_0)$和环境温度 T_u。辐射温度通过热像仪测得,环境温度可通过温度计测得,而物体表面法向发射率和法向反射率为未知参数,则式(6.16)1个方程含有3个未知参数,是不可解的。采取在不同的波段下测量的方法,可以构造不同的测温方程。但是单纯依靠增加波段来增加测温方程,同时也会增加未知数的数目,这是因为物体的表面发射率和反射率是随测温波段的不同而变化的。所以即使增加到 n 个波段,还是有 $n+3$ 个未知数,仍然不可解。所以需要采取一定的方法来求解被测物体的表面温度。

根据参考文献[5],在有限的窄波段内,发射率函数的形式必定表现为简单曲线,可表示为如下的线性形式:

$$\varepsilon(T) = a_0(T) + a_1(T)\Lambda \tag{6.21}$$

式中,$a_0(T)$、$a_1(T)$表示与温度相关的量。$\Lambda=(\lambda-\lambda_{\min})/(\lambda_{\max}-\lambda_{\min})$,$\lambda_{\min}$为热像仪响应波段的下限,$\lambda_{\max}$为热像仪响应波段的上限,则 Λ 为无量纲波长。

所以可得

$$\varepsilon_n(T_0) = a_0(T_0) + a_1(T_0)\Lambda^* \tag{6.22}$$

式中,$\Lambda^*=\dfrac{\lambda^*-\lambda_{\min}}{\lambda_{\max}-\lambda_{\min}}$,$\lambda^*$为响应波段的中心波长。

对反射率进行类似处理,可得

$$\rho_n(T_0) = b_0(T_0) + b_1(T_0)\Lambda^* \tag{6.23}$$

式中,$b_0(T_0)$、$b_1(T_0)$表示与温度相关的量。

在近距离测温时,$\tau_a=1$,将式(6.22)、式(6.23)代入式(6.15),得

$$I(T_r) = [a_0(T_0) + a_1(T_0)\Lambda^*]I(T_0) + [b_0(T_0) + b_1(T_0)\Lambda^*]I(T_u) \tag{6.24}$$

式(6.24)含有5个未知参数 $a_0(T_0)$、$a_1(T_0)$、$b_0(T_0)$、$b_1(T_0)$、T_0,构造5个测温方程,并且方程之间满足线性无关,如下式所示:

$$I_i(T_{ri}) = [a_0(T_0) + a_1(T_0)\Lambda_i^*]I_i(T_0) + [b_0(T_0) + b_1(T_0)\Lambda_i^*]I_i(T_u)$$
$$(i = 1,2,\cdots,5) \tag{6.25}$$

式中，下标 i 表示在波段 i 下的数值。通过求解方程组可以求得 T_0。式(6.25)即为变谱法的测温原理公式。

6.2.2 技术实现

单波段红外热像仪只有一个响应波段，为得到不同的响应波段，并且各相应波段不相关，从而构造不同的测温方程，可采取如下两种方法。

1. 在红外热像仪前加设滤光片

采用在单波段红外热像仪前加设滤光片的方法，可得到不同的响应波段。加设滤光片后，需要对热像仪进行重新标定。加设滤光片的响应波段应在热像仪的响应波段之内。表 6.1 列举了 7～14μm 范围内部分滤光片的参数。

表 6.1　7～14μm 范围内部分滤光片的参数

中心波长/nm	±偏差/nm	带宽/nm	±偏差/nm	透过率 τ_0
7450	20	180	20	>80
8880	50	380	20	≥70
10214	20	171	20	>94
10460	20	160	15	>80
10800	100	190	20	≥70
10952	25	139	20	≥74

有些红外热像仪自带滤光片架或光谱滤镜轮，可以在滤光片架或光谱滤镜轮上安装滤光片，从而可以实现在不同的波段进行测温。以美国 FLIR 公司的 SC7900(图 6.5)为例，它带有电动滤光片架，滤光片架上有 4 个槽口，可以在槽口里安装 1mm 厚度的 1in(1in＝2.54cm)滤光片。

图 6.5　SC7900 红外热像仪

对于郎伯体材料，需要选取3个不同波段的滤光片分别进行测温，且各个滤光片的波段不能交叉，每次加设滤光片后都要对热像仪进行重新标定，加设滤光片后进行测量。对于灰体材料，需要选取2个不同波段的滤光片分别进行测温，每次加设滤光片后需要对热像仪进行重新标定。

2. 用不同波段的热像仪进行测量

红外热像仪的响应波段一般为2～5μm，6～9μm和8～13μm这三种，故选择不同的测温波段的红外热像仪就可以构造不同的方程。对于朗伯体或发射率较大的物体，选择三个不同波段的红外热像仪进行测温；对于灰体材料，选择两个不同波段的红外热像仪进行测温。

6.3 灰体材料的测温

6.3.1 灰体材料测温原理

当被测物体的光谱发射率不随波长变化或者变化很小时（可通过查阅该材料光谱发射率与波长的关系），被测物体可视为灰体。当被测物体可视为灰体时，可采用两个波段进行测温。

对于既定的被测物体表面，物体的表面法向发射率随物体温度和测量波段的变化而变化。当被测物体可视为灰体时（在红外检测中，一般把非金属、表面涂油漆的金属等物体视为灰体[11]），由于灰体的发射率不随波长变化，故其表面法向发射率仅随温度变化而变化。

在波段1下，根据式(6.25)可得

$$I_1(T_{r1}) = [a_0(T_0) + a_1(T_0)\Lambda_1^*]I_1(T_0) + [b_0(T_0) + b_1(T_0)\Lambda_1^*]I_1(T_u) \tag{6.26}$$

式中，下标1表示在波段1下的数值。

在波段2下，根据式(6.25)可得

$$I_2(T_{r2}) = [a_0(T_0) + a_1(T_0)\Lambda_2^*]I_2(T_0) + [b_0(T_0) + b_1(T_0)\Lambda_2^*]I_2(T_u) \tag{6.27}$$

式中，下标2表示在波段2下的数值。

当物体表面温度为T_0时，可得

$$\varepsilon_{n1}(T_0) = \varepsilon_{n2}(T_0) = a_0(T_0) = \varepsilon_n(T_0) \tag{6.28}$$

即当物体表面温度不变时，在两个不同测量波段下其表面法向发射率不变。

根据式(6.26)～式(6.28)可得

$$\begin{cases} I_1(T_{r1}) = \varepsilon_n(T_0)I_1(T_0) + [1-\varepsilon_n(T_0)]I_1(T_u) \\ I_2(T_{r2}) = \varepsilon_n(T_0)I_2(T_0) + [1-\varepsilon_n(T_0)]I_2(T_u) \end{cases} \tag{6.29}$$

由于方程组中的两个方程为不同波段下构造的辐射测量方程，彼此之间无线性关系，满足温度求解的数学封闭条件，故可以进行求解，根据方程组(6.29)，可得

$$\frac{I_2(T_0)-I_2(T_u)}{I_1(T_0)-I_1(T_u)} = \frac{I_2(T_{r2})-I_2(T_u)}{I_1(T_{r1})-I_1(T_u)} \tag{6.30}$$

式(6.30)中只含被测物体温度 T_0 一个未知参数，可以迭代求解 T_0。式(6.30)即为被测物体可视为灰体时温度与发射率分离的计算公式，从而可以在无需知道被测物体表面发射率的情况下得到物体的表面温度。

6.3.2　测温方法验证

在已验证式(6.15)的准确性基础上，用该式同时采用变谱法对灰体材料的测温进行验证。设定物体的发射率为 0.9，环境温度为 27℃，物体表面温度从 40℃增加到 120℃，间隔为 5℃。

若采用常规的测量方法，用 7～14μm 波段的热像仪测出物体表面的辐射温度，通过查表或测量得到物体表面发射率，则可用式(6.19)计算得到物体的表面温度。在物体表面发射率误差为 5%的情况下，计算得到物体的表面温度的误差。

1. 用两个不同波段的热像仪进行测量

采用 3～5μm 的红外热像仪和 7～14μm 的红外热像仪进行测量，由式(6.15)可以得到两个不同波段下各自的辐射温度，则可以用式(6.30)进行迭代求解物体的表面温度。

图 6.6 表示物体表面的真实温度、常规测量方法得到的物体表面温度和变谱法得到的物体表面温度随物体表面真实温度的变化情况。图 6.7 表示常规测量方法得到的物体表面温度的误差和变谱法得到的物体表面温度的误差随物体表面真实温度的变化情况。由图 6.7 可知，采用常规测量方法得到的物体表面温度与真实温度有一定偏差，其最大偏差为 3.6℃，其最大误差为 3.3%，并且随着物体温度的升高其误差逐渐增大并最终趋向于一个稳定值 3%。采用变谱法得到的物体表面温度与真实温度吻合得较好，其最大偏差仅为 0.5℃，最大温差为 1.1%，并且随着物体温度的升高其误差逐渐减小。这说明采用变谱法可以较准确地测量物体的表面温度，其误差很小，该误差主要受 $I(T)$ 的拟合公式的影响，拟合程度越高误差越小。

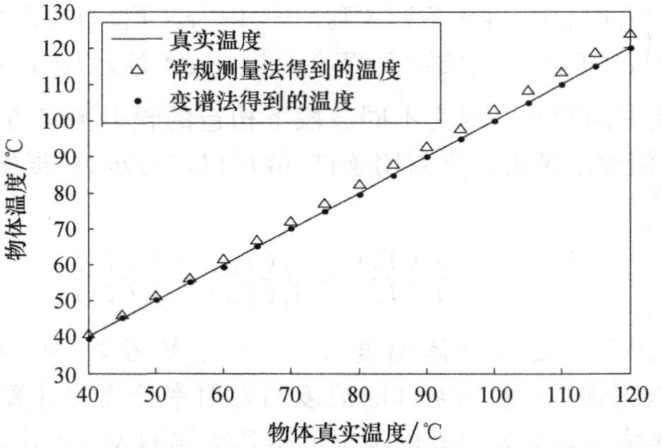

图 6.6 物体真实温度、常规测量方法得到的物体表面温度和变谱法得到的物体表面温度随物体表面真实温度的变化

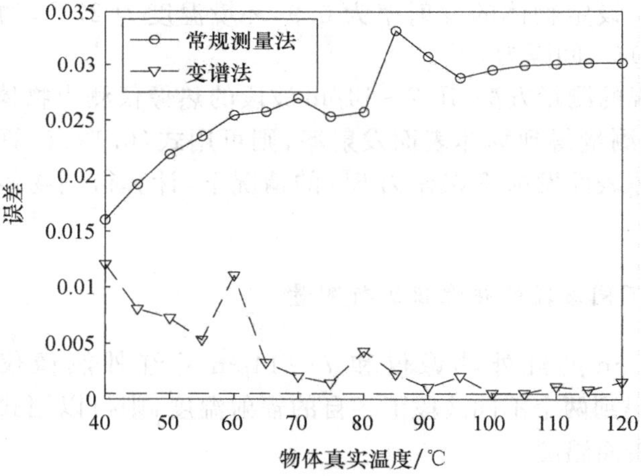

图 6.7 常规测量方法得到的物体表面温度误差和变谱法得到的物体表面温度误差随物体表面真实温度的变化

2. 在红外热像仪前加设滤光片

采用响应波段为 7～14μm 的单波段红外热像仪进行测量，通过在该热像仪前分别加设透过波段为 10.1285～10.2995μm 和 10.705～10.895μm 的两个窄带滤光片来得到两个不同的响应波段，用式(6.15)可以得到两个不同波段下各自的辐射温度，而用式(6.30)可以进行迭代求解物体的表面温度。

图 6.8 表示物体表面的真实温度、常规测量方法得到的物体表面温度和变

谱法得到的物体表面温度随物体表面真实温度的变化情况。图 6.9 表示常规测量方法得到的物体表面温度误差和变谱法得到的物体表面温度误差随物体表面真实温度的变化情况。由图可知，采用常规测量方法得到的物体表面温度与真实温度有一定偏差，其最大偏差为 3.6℃，其最大误差为 3.3%，并且随着物体温度的升高其误差逐渐增大并最终趋向于一个稳定值 3%。采用变谱法得到的物体表面温度与真实温度吻合得较好，其最大偏差为 1.4℃，最大误差为 1.3%，并

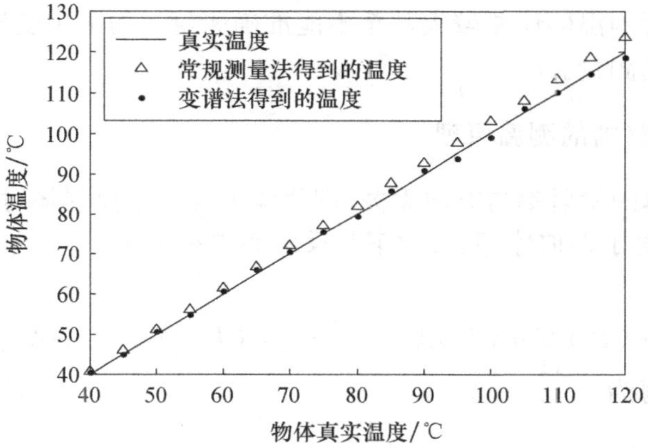

图 6.8　物体的真实温度、常规测量方法得到的物体表面温度和变谱法得到的物体表面温度随物体表面真实温度的变化

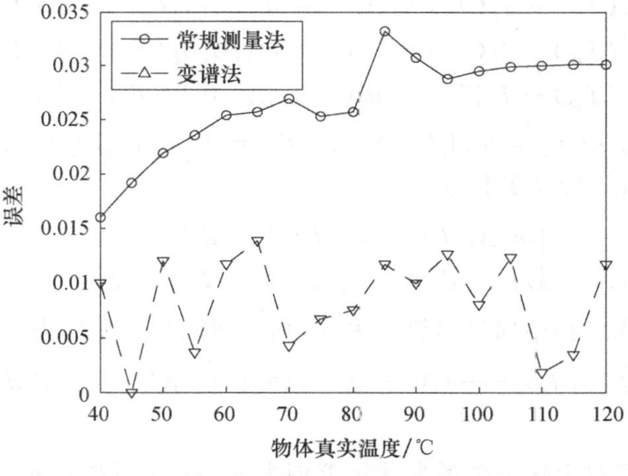

图 6.9　常规测量方法得到的物体表面温度误差和变谱法得到的物体表面温度误差随物体表面真实温度的变化

且误差比较稳定。这说明采用变谱法可以较准确地测量物体的表面温度，其误差很小，该误差主要受 $I(T)$ 的拟合公式的影响，拟合程度越高误差越小。

6.4 郎伯体材料的测温

对于郎伯体材料而言，由于其发射率随波长变化，其发射率误差较大，而发射率误差的存在将会增大被测物体表面温度的测温误差，采用常规测量方法对郎伯体材料进行测温的误差较大甚至不能准确测量。而采用变谱法可实现对郎伯体温度的准确测量。

6.4.1 郎伯体材料的测温原理

当被测物体的发射率与方向无关，即物体可视为漫反射体时，被测物体可视为郎伯体[11]。对于朗伯体，其发射率与反射率之和为 1。

所以可得

$$b_0(T_0)+b_1(T_0)\Lambda_i^* = 1-[a_0(T_0)+a_1(T_0)\Lambda_i^*] \tag{6.31}$$

式(6.22)可改写为

$$\varepsilon_n(T_0)=a_0(1+m\Lambda^*),\quad m=\frac{a_1}{a_0} \tag{6.32}$$

将式(6.31)、式(6.32)代入式(6.25)，可知方程中含有 3 个未知数 a_0、m、T_0，则需要构造 3 个方程，其方程组如下所示：

$$\begin{cases} I_1(T_{r1})-I_1(T_u)=a_0(1+m\Lambda_1^*)[I_1(T_0)-I_1(T_u)] \\ I_2(T_{r2})-I_2(T_u)=a_0(1+m\Lambda_2^*)[I_2(T_0)-I_2(T_u)] \\ I_3(T_{r3})-I_3(T_u)=a_0(1+m\Lambda_3^*)[I_3(T_0)-I_3(T_u)] \end{cases} \tag{6.33}$$

令 $I_i(T_0)-I_i(T_u)=b_i$，$I_i(T_{ri})-I_i(T_u)=d_i$，在方程组(6.33)中通过运算消去 a_0，则式(6.33)可变形为

$$\begin{cases} m(\Lambda_3^* d_1 b_3-\Lambda_1^* d_3 b_1)=d_3 b_1-d_1 b_3 \\ m(\Lambda_3^* d_2 b_3-\Lambda_2^* d_3 b_2)=d_3 b_2-d_2 b_3 \end{cases} \tag{6.34}$$

在方程组(6.34)中通过运算消去 m，则式(6.34)可变形为

$$(\Lambda_3^*-\Lambda_2^*)d_1 d_3 b_2 b_3+(\Lambda_2^*-\Lambda_1^*)d_3^2 b_1 b_2+(\Lambda_1^*-\Lambda_3^*)d_2 d_3 b_1 b_3=0 \tag{6.35}$$

式(6.33)经过上述类似的变化运算消去 a_0，m，也可得到如下两式：

$$(\Lambda_3^*-\Lambda_1^*)d_1 d_2 b_1 b_3+(\Lambda_1^*-\Lambda_2^*)d_1 d_3 b_1 b_2+(\Lambda_2^*-\Lambda_3^*)d_1^2 b_2 b_3=0 \tag{6.36}$$

$$(\Lambda_3^* - \Lambda_1^*)d_2^2 b_1 b_3 + (\Lambda_2^* - \Lambda_3^*)d_1 d_2 b_2 b_3 + (\Lambda_1^* - \Lambda_2^*)d_2 d_3 b_1 b_2 = 0 \tag{6.37}$$

选择式(6.35)、式(6.36)、式(6.37)中的一个公式，通过迭代求解就可以求得物体温度 T_0。式(6.35)、式(6.36)、式(6.37)即为变谱法对郎伯体进行测温的原理公式。

6.4.2 测量方法验证

在已验证式(6.15)准确性的基础上，用该式同时采用变谱法对郎伯体材料的测温进行验证。选择石墨为被测物体，其在 7～14μm 波段的平均发射率为 0.39[12]，环境温度为 27℃，物体表面温度从 60℃增加到 102℃，间隔为 3℃。采用响应波段为 7～14μm 的单波段红外热像仪进行测量，通过在该热像仪前分别加设透过波段为 10.1285～10.2995μm，10.38～10.54μm 和 10.705～10.895μm 的 3 个窄带滤光片来得到 3 个不同的相应波段，用式(6.15)可以得到 3 个不同波段下各自的辐射温度，在辐射温度的测量值与计算值误差为 1.1%的情况下计算 3 个波段下物体辐射温度测量值，则用式(6.35)、式(6.36)、式(6.37)中的任何一个进行迭代求解物体的表面温度。

若采用常规的测量方法，在上述用 7～14μm 波段的热像仪进行测量得到物体表面辐射温度的条件下，设定或测量物体发射率，则可用式(6.19)计算得到物体的表面温度。在辐射温度的测量值与计算值误差为 1.1%以及物体表面发射率误差为 5%的情况下，可计算得到物体的表面温度。

图 6.10 表示物体表面的真实温度、常规测量方法得到的物体表面温度和变

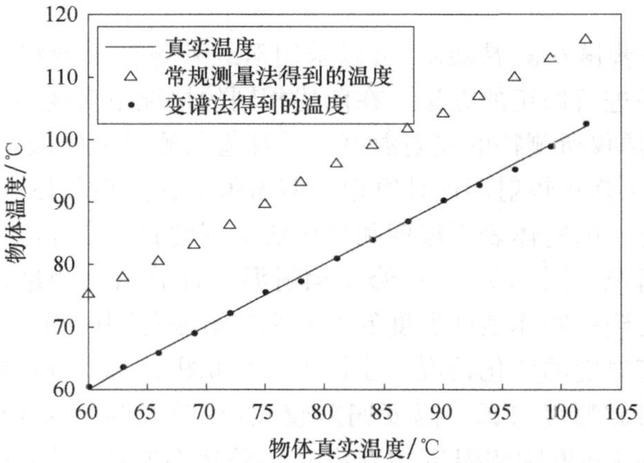

图 6.10　物体真实温度、常规测量方法得到的物体表面温度和变谱法得到的物体表面温度随物体表面真实温度的变化

谱法得到的物体表面温度随物体表面真实温度的变化情况。图 6.11 表示常规测量方法得到的物体表面温度误差和变谱法得到的物体表面温度误差随物体表面真实温度的变化情况。由图可知，采用常规测量方法得到的物体表面温度与真实温度偏差较大，其最大偏差为 11.9℃，其最大误差为 25.3%，并且随着物体温度的升高其偏差逐渐减小，误差逐渐减小。采用变谱法得到的物体表面温度与真实温度吻合得较好，其最大偏差为 0.9℃，最大误差为 1.0%，并且误差比较稳定。这说明采用常规测量方法对郎伯体进行测温误差很大，不能对郎伯体进行准确测量，而采用变谱法可以对郎伯体温度进行准确测量，其误差很小。

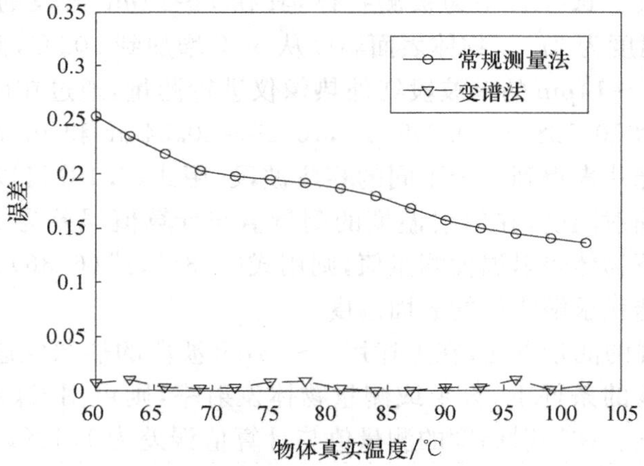

图 6.11　常规测量方法得到的物体表面温度误差和变谱法得到的物体表面温度误差随物体表面真实温度的变化

如果要进一步减小测温误差，可以采用对红外热像仪的辐射温度的计算值与测量值的误差进行修正的办法。在前述相同的情况下对变谱法的准确性进行验证，此时对热像仪所测得的辐射温度的计算值与测量值的误差进行修正。

图 6.12 表示修正辐射温度计算值与测量值的误差后物体表面的真实温度、常规测量方法得到的物体表面温度和变谱法得到的物体表面温度随物体表面真实温度的变化情况。图 6.13 表示修正辐射温度计算值与测量值的误差后采用常规测量方法得到的物体表面温度的误差和变谱法得到的物体表面温度的误差随物体表面真实温度的变化情况。由图 6.12 和图 6.13 可知，采用常规测量方法得到的物体表面温度与真实温度偏差较大，其最大偏差为 13.6℃，其最大误差为 22.7%，并且随着物体温度的升高其偏差逐渐减小，误差逐渐减小。采用变谱法得到的物体表面温度与真实温度吻合得很好，其最大偏差仅为 0.1℃，最大误差仅为 0.1%，并且误差非常稳定。这说明通过修正辐射温度计算值与测

量值的误差后，采用常规测量方法对郎伯体进行测温误差有所减小，但是其误差仍然很大，仍然不能对郎伯体进行准确测量；通过修正辐射温度计算值与测量值的误差后，采用变谱法可以对郎伯体温度进行非常准确地测量，其误差基本可以忽略不计。

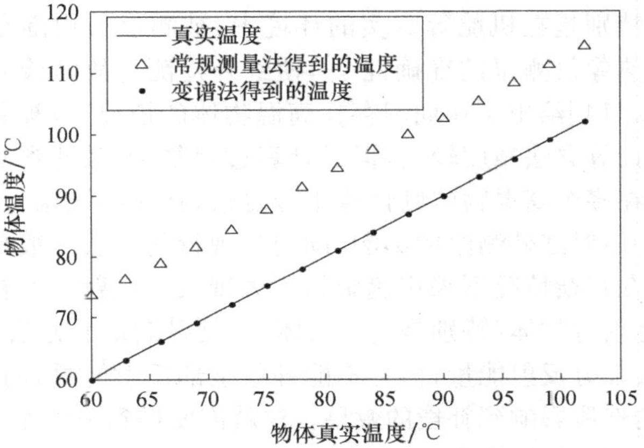

图 6.12　修正辐射温度误差后物体的真实温度、常规测量方法得到的物体表面温度和变谱法得到的物体表面温度随物体表面真实温度的变化

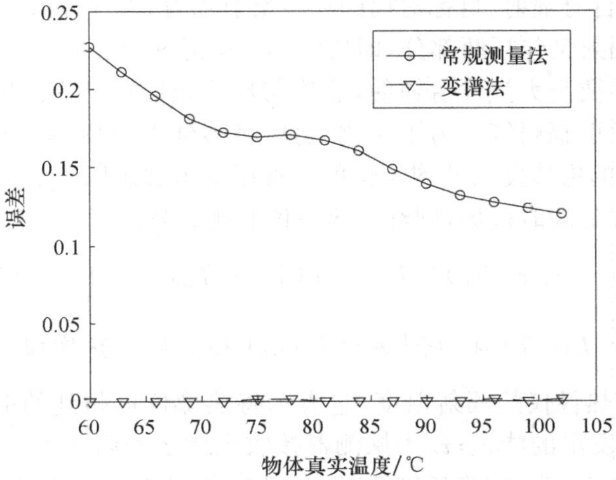

图 6.13　修正辐射温度误差后采用常规测量方法得到的物体表面温度的误差和变谱法得到的物体表面温度误差随物体表面真实温度的变化

6.5 复杂背景环境中红外热像仪测温的变谱法

红外热像仪的测温不仅受到被测物体表面的发射率、反射率、环境温度、大气温度、测量距离以及大气衰减等因素的影响[13]，还受到被测物体周围高温物体辐射的影响，特别是在机舱等真实的环境中，被测设备周围存在大量高温物体，降低了红外热像仪测温的准确性[14]，使红外检测与故障诊断的精度受到很大的影响。文献[14]给出了在周围存在高温物体的情况下，被测物体真实温度的计算公式，该计算方法精度较高，但是计算过程复杂，某些参数的获取比较麻烦，特别是若存在多个高温物体则计算十分复杂，在实际测温过程中实施困难。对于周围高温物体对红外测温的影响，国内外现行的方法一般是采用遮蔽物减小其影响，但是在复杂情况下采用遮蔽物不太现实。反射温度补偿是一种红外测温时补偿目标附近物体(特别是高温物体)的反射能量的方法[15]，但是该方法虽然能够补偿大部分反射能量，但是不能补偿全部反射能量，同时，采用该方法时红外反射镜的选取影响到补偿的效果。这就需要得到一种无需测量发射率和背景辐射就能得到被测物体表面温度的方法。

6.5.1 理论基础

根据红外热像仪的测温原理，在实际测量时，热像仪接收到的有效辐射包括三个部分：目标自身辐射、目标对周围环境反射辐射、大气辐射。

环境反射辐射又包括两部分，即均匀环境反射辐射和非均匀环境反射辐射。均匀环境辐射主要是大气发射辐射，非均匀环境辐射包括周围物体的反射辐射和太阳辐射的反射辐射等。为了简化运算，将落到被测物体上的总环境辐射等效为温度为 T_B 的黑体发出的均匀辐射。根据参考文献[15]、[16]可知，若被测物体充满热像仪的瞬时视场，则红外热像仪的测温公式可表示为

$$I(T_r) = \tau_a[\varepsilon_n(T_0)I(T_0) + \rho_n(T_0)I(T_B)] + (1-\tau_a)I(T_a) \tag{6.38}$$

式中，$I(T)=\int_{\Delta\lambda} L_{b\lambda}(T)\mathrm{d}\lambda$，它表示辐射亮度 $L_{b\lambda}(T)$ 在热像仪探测器接收波段上的积分；T_r 为热像仪的辐射温度，它表示将热像仪接收到的能量等效为温度为 T_r 的黑体所发出的能量；τ_a 为探测器接收光谱区间内的大气的平均透射率；T_0 为被测物体的温度；T_u 为环境温度；T_a 为大气温度；$\varepsilon_n(T_0)$ 为温度 T_0 的被测物体在探测器接收光谱区间内的平均法向发射率；$\rho_n(T_0)$ 温度为 T_0 的被测物体在探测器接收光谱区间内的平均法向反射率。

物体真实温度的计算公式为

$$I(T_0)=\frac{1}{\tau_a\varepsilon_n(T_0)}I(T_r)-\frac{\rho_n(T_0)}{\varepsilon_n(T_0)}I(T_B)-\frac{1-\tau_a}{\tau_a\varepsilon_n(T_0)}I(T_a) \tag{6.39}$$

当近距离测量时，$\tau_a=1$，则式(6.39)变为

$$I(T_0)=\frac{1}{\varepsilon_n(T_0)}I(T_r)-\frac{\rho_n(T_0)}{\varepsilon_n(T_0)}I(T_B) \tag{6.40}$$

当被测物体为灰体时，可得

$$I(T_0)=\frac{1}{\varepsilon_n(T_0)}I(T_r)-\frac{1-\varepsilon_n(T_0)}{\varepsilon_n(T_0)}I(T_B) \tag{6.41}$$

对近距离测温，根据式(6.39)可知，要得到被测物体的表面温度，需要知道热像仪测得的辐射温度 T_r，物体表面法向发射率 $\varepsilon_n(T_0)$，物体表面法向反射率 $\rho_n(T_0)$和等效背景辐射温度 T_B。T_r 通过热像仪测得，而 $\varepsilon_n(T_0)$、$\rho_n(T_0)$、T_B 为未知参数，则式(6.40)一个方程含有4个未知参数，是不可解的，所以需要采取一定的方法来求解被测物体的表面温度。采取在不同的波段下测量的方法，可以构造不同的测温方程。

在近距离测温时，$\tau_a=1$，将式(6.22)、式(6.23)代入式(6.38)，得

$$I(T_r)=[a_0(T_0)+a_1(T_0)\Lambda^*]I(T_0)+[b_0(T_0)+b_1(T_0)\Lambda^*]I(T_B) \tag{6.42}$$

式(6.42)含有六个未知参数 $a_0(T_0)$、$a_1(T_0)$、$b_0(T_0)$、$b_1(T_0)$、T_B、T_0，构造6个测温方程，并且方程之间满足线性无关，如下式所示：

$$I_i(T_{ri})=[a_0(T_0)+a_1(T_0)\Lambda_i^*]I_i(T_0)+[b_0(T_0)+b_1(T_0)\Lambda_i^*]I_i(T_B),\quad i=1,\cdots,6 \tag{6.43}$$

式中，下标 i 表示在波段 i 下的数值。则通过求解方程组可以求得 T_0。式(6.43)即为复杂背景环境中变谱法的原理公式。

当被测物体可视为灰体时(在红外检测中，一般把非金属、表面涂油漆的金属等物体视为灰体[11])，由于灰体的发射率不随波长变化，故其表面法向发射率仅随温度变化。对于灰体材料，可得以下关系式：

$$\rho_n(T_0)=1-\varepsilon_n(T_0) \tag{6.44}$$

$$\varepsilon_{n1}(T_0)=\varepsilon_{n2}(T_0)=\varepsilon_{n3}(T_0)=a_0(T_0)=\varepsilon_n(T_0) \tag{6.45}$$

将式(6.44)、式(6.45)代入式(6.43)，可知含有3个未知数 $\varepsilon_n(T_0)$、T_B、T_0。在3个波段下测温，可得如下方程组：

$$\begin{cases}I_1(T_{r1})=\varepsilon_n(T_0)I_1(T_0)+[1-\varepsilon_n(T_0)]I_1(T_B)\\ I_2(T_{r2})=\varepsilon_n(T_0)I_2(T_0)+[1-\varepsilon_n(T_0)]I_2(T_B)\\ I_3(T_{r3})=\varepsilon_n(T_0)I_3(T_0)+[1-\varepsilon_n(T_0)]I_3(T_B)\end{cases} \tag{6.46}$$

在方程组(6.46)中消去 $\varepsilon_n(T_0)$,然后通过变形可分别得到关于 T_0 和 T_B 的迭代方程。其中关于 T_0 的迭代方程为

$$I_1(T_0)=\frac{I_1(T_{r1})-I_1(T_B)}{I_2(T_{r2})-I_2(T_B)}I_2(T_0)-\frac{I_1(T_{r1})I_2(T_B)-I_2(T_{r2})I_1(T_B)}{I_2(T_{r2})-I_2(T_B)} \tag{6.47}$$

$$I_3(T_0)=\frac{I_3(T_{r3})-I_3(T_B)}{I_1(T_{r1})-I_1(T_B)}I_1(T_0)-\frac{I_3(T_{r3})I_1(T_B)-I_1(T_{r1})I_3(T_B)}{I_1(T_{r1})-I_1(T_B)} \tag{6.48}$$

$$I_2(T_0)=\frac{I_2(T_{r2})-I_2(T_B)}{I_3(T_{r3})-I_3(T_B)}I_3(T_0)-\frac{I_2(T_{r2})I_3(T_B)-I_3(T_{r3})I_2(T_B)}{I_3(T_{r3})-I_3(T_B)} \tag{6.49}$$

关于 T_B 的迭代方程为

$$I_3(T_B)=\frac{I_3(T_{r3})-I_3(T_0)}{I_2(T_{r2})-I_2(T_0)}I_2(T_B)-\frac{I_3(T_{r3})I_2(T_0)-I_2(T_{r2})I_3(T_0)}{I_2(T_{r2})-I_2(T_0)} \tag{6.50}$$

$$I_2(T_B)=\frac{I_2(T_{r2})-I_2(T_0)}{I_1(T_{r1})-I_1(T_0)}I_1(T_B)-\frac{I_2(T_{r2})I_1(T_0)-I_1(T_{r1})I_2(T_0)}{I_1(T_{r1})-I_1(T_0)} \tag{6.51}$$

$$I_1(T_B)=\frac{I_1(T_r)-I_1(T_0)}{I_3(T_{r3})-I_3(T_0)}I_3(T_B)-\frac{I_1(T_{r1})I_3(T_0)-I_3(T_{r3})I_1(T_0)}{I_3(T_{r3})-I_3(T_0)} \tag{6.52}$$

在式(6.47)、式(6.48)、式(6.49)中选取一个 T_0 的迭代方程,再在式(6.50)、式(6.51)、式(6.52)中选取一个 T_B 的迭代方程,组成一个迭代方程组,两个方程的测量波段彼此不重合,则可迭代求解出被测物体的表面温度 T_0。

6.5.2 方法验证

在已验证式(6.15)准确性的基础上,同时采用该式和变谱法对复杂背景环境中灰体材料的测温进行验证。设定物体的发射率为 0.8,环境温度为 27℃,等效背景辐射温度为 37℃,物体表面温度从 50℃增加到 100℃,间隔为 2℃。采用响应波段为 7～14μm 的单波段红外热像仪进行测量,通过在该热像仪前分别加设透过波段为 10.1285～10.2995μm,10.38～10.54μm 和 10.705～10.895μm 的 3 个窄带滤光片来得到 3 个不同的响应波段,用式(6.15)可以得到 3 个不同波段下各自的辐射温度,在辐射温度的测量值与计算值误差为 1.1%的情况下计算得到 3 个波段下物体辐射温度测量值,在式(6.47)、式(6.48)、式(6.49)和

式(6.50)、式(6.51)、式(6.52)中各选取一方程组成迭代方程组，则可迭代求解物体的表面温度。

若采用常规的测量方法，在上述用 7～14μm 波段的热像仪进行测量得到物体表面辐射温度的条件下，在未考虑非均匀背景辐射的情况下(此时 T_B 即为环境温度)，若设定或测量物体发射率则可用式(6.19)可计算得到物体的表面温度。在辐射温度的测量值与计算值误差为 1.1%以及物体表面发射率误差为 5%的情况下，计算得到物体的表面温度。

图 6.14 表示物体表面的真实温度、常规测量方法得到的物体表面温度和变谱法得到的物体表面温度随物体表面真实温度的变化情况。图 6.15 表示常规测量方法得到的物体表面温度误差和变谱法得到的物体表面温度误差随物体表面真实温度的变化情况。由图可知，采用常规测量方法得到的物体表面温度与真实温度有一定偏差，其最大偏差为 5.6℃，其最大误差为 8.5%，并且随着物体温度的升高其误差逐渐减小并最终趋向于一个稳定值 5.7%。采用变谱法得到的物体表面温度与真实温度吻合得较好，其最大偏差为 0.9℃，最大误差为 1.5%，并且随着物体温度的升高其误差逐渐减小。这说明在复杂背景环境中采用常规测量方法得到的被测物体温度存在一定误差，不能准确地得到被测物体温度，其误差主要受发射率测量误差和背景辐射的影响，发射率误差越大、背景辐射影响越严重，其误差越大。而采用变谱法可以有效地排除由于发射率测量误差和背景环境辐射的影响，可以较准确地测量物体的表面温度，其误差很小。

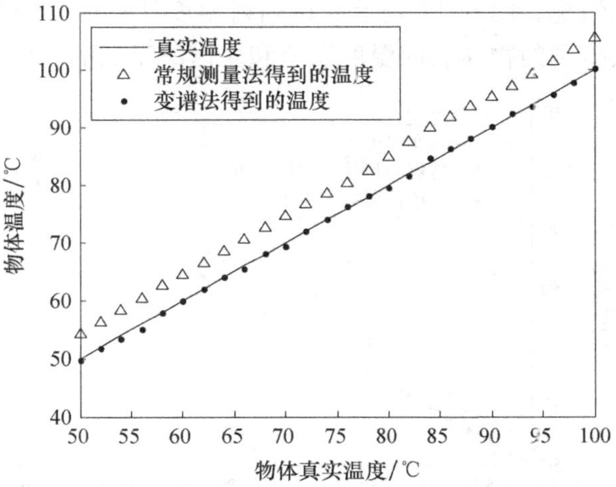

图 6.14　物体的真实温度、常规测量方法得到的物体表面温度和变谱法得到的物体表面温度随物体表面真实温度的变化

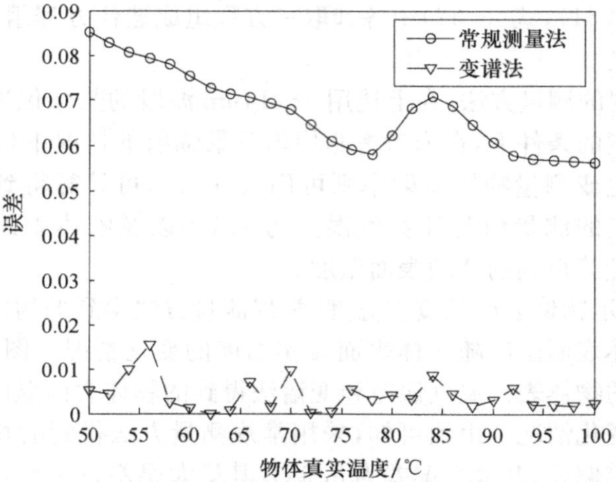

图 6.15　常规测量方法得到的物体表面温度误差和变谱法得到的物体表面温度误差随物体表面真实温度的变化

如果要进一步减小测温误差，可以采用对红外热像仪的辐射温度的计算值与测量值的误差进行修正的办法。在前述相同的情况下对变谱法的准确性进行验证，此时对热像仪所测得的辐射温度的计算值与测量值的误差进行修正。

图 6.16 表示修正辐射温度计算值与测量值的误差后物体表面真实温度、由常规测量方法得到的物体表面温度和由变谱法得到的物体表面温度随物体表面真实温度的变化情况。图 6.17 表示修正辐射温度计算值与测量值的误差后采用常规测量方法得到的物体表面温度误差和变谱法得到的物体表面温度误差随

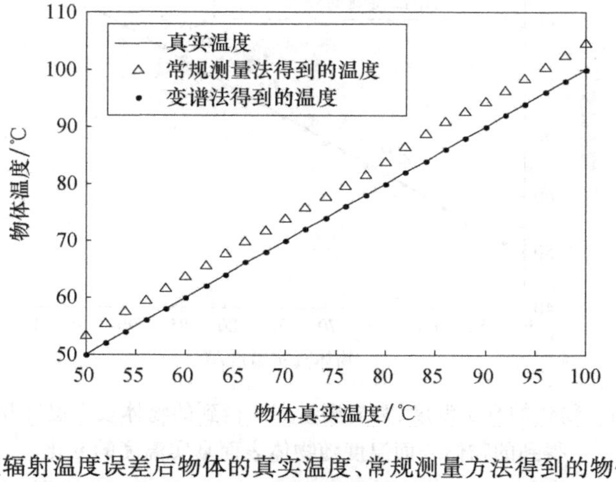

图 6.16　修正辐射温度误差后物体的真实温度、常规测量方法得到的物体表面温度和变谱法得到的物体表面温度随物体表面真实温度的变化

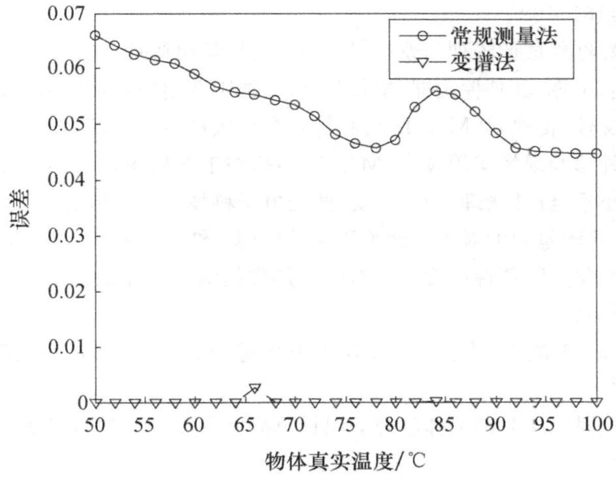

图 6.17　修正辐射温度误差后采用常规测量方法得到的物体表面温度误差和变谱法得到的物体表面温度误差随物体表面真实温度的变化

物体表面真实温度的变化情况。由图可知,采用常规测量方法得到的物体表面温度与真实温度有一定偏差,其最大偏差为 4.8℃,其最大误差为 6.6%,并且随着物体温度的升高其误差逐渐减小并最终趋向于一个稳定值 4.5%。采用变谱法得到的物体表面温度与真实温度吻合得很好,其最大偏差仅为 0.2℃,最大误差仅为 0.3%,其误差基本可以忽略不计。这说明通过修正辐射温度计算值与测量值的误差后,在复杂背景环境中采用常规测量方法得到的被测物体温度的误差有所减小,但是还是存在一定误差,所以仍然不能准确得到被测物体温度,其误差主要受发射率测量误差和背景辐射的影响,发射率误差越大、背景辐射影响越严重,其误差越大;通过修正辐射温度计算值与测量值的误差后,采用变谱法可以非常准确地测量物体的表面温度,其误差可以忽略不计。

参 考 文 献

[1]　杨立. 红外热像仪测温计算与误差分析[J]. 红外技术,1999,21(4):20—24.

[2]　戴景民. 辐射测温的发展现状与展望[J]. 自动化技术与应用,2004,23(3):1—7.

[3]　Coates P B. The least-squares approach to multi-wavelength pyrometry [J]. High Temp. High Press,1988,20:433—441.

[4]　Coasts P B. Wavelength specification in multi-wavelength pyrometry [J]. High Temp. High Press,1988,(20):443—448.

[5]　程晓舫,符泰然,范学良. 谱色测温原理[J]. 中国科学 G 辑,2004,34(6):639—647.

[6]　Jacobs P A. 地面目标和背景的热红外特性[M]. 北京:国防工业出版社,2004:33,34.

[7]　何志彪,易新建. 非制冷微测辐射热计红外测温系统及实现[J]. 华中理工大学学报,

1997,27(8):101,102.

[8] 常本康,蔡毅.红外成像阵列与系统[M].北京:科学出版社,2006:80,81.

[9] 王义玉,叶文,王彬.红外探测器[M].北京:兵器工业出版社,2005:116,117.

[10] 杨士铭,陶文铨.传热学[M].北京:高等教育出版社,1998:251,252.

[11] 陈玉兰.红外诊断现场实用技术[M].北京:机械工业出版社,2002:29.

[12] 张建齐,方小平.红外物理[M].西安:西安电子科技大学出版社,2004:72.

[13] 寇蔚,杨立.热测量中的误差的影响因素分析[J].红外技术,2001,23(5):32—34.

[14] 张健,杨立,刘慧开.环境高温物体对红外热像仪测温误差的影响[J].红外技术,2005,27(5):419—422.

[15] 杨桢,张士成,杨立.反射温度补偿法及其实验验证[J].光学精密工程,2010,18(9):1959—1964.

[16] 杨桢,张士成,杨立.非郎伯体红外测温计算研究[J].光谱学与光谱分析,2010,30(8):2093—2097.

第 7 章　红外热像仪的标定与性能测试

热像仪温度测量误差主要来自三个方面：热像仪标定产生的误差；电子线路引起的误差；测量方法引起的误差[1]。热像仪的标定误差是由以下三个因素引起的：一是在标定和实际测量时由于温度不同导致热像仪光学部件和滤光镜产生的自身辐射不同引起的误差；二是由于标定使用的黑体辐射源不能达到完全黑体引起的误差；三是参考温度的精度和有限的标定点引起的拟合误差。通常热像仪的标定误差为±（1～2）%或±（1～2）℃。热像仪电子线路误差主要是由探测器噪声、制冷系统的稳定性、放大器温漂和 A/D 转换器的非线性和有限的分辨率产生的。在环境温度为－15～＋40℃范围内电子线路引起的误差在±1%范围内[1]。实际使用过程中，红外热像仪温度测量误差的主要来源是测量环境、测量方法和测量对象不同引起的，这也是本书其他章节重点研究的内容。本章主要就红外热像仪的标定和性能测试方法进行讨论和分析。

7.1　黑体型辐射源

红外热像仪测温的准确性是通过标定黑体辐射源辐射的能量与热像仪输出电信号的关系来保证的。黑体是一种理想化的物理模型，在自然界中并不存在绝对的黑体。1860 年，基尔霍夫提出了制作黑体必须满足的条件。他指出，在一个密封等温腔体内任意面元上的辐射，就是等温腔体温度下的黑体辐射。若在密封腔壁上开一小孔，小孔发出的辐射将十分接近绝对黑体发射的辐射。他进一步指出，密封腔的几何形状和腔壁材料实际上不影响辐射特征。重要的是，密封腔要是真正等温的，同时，小孔的面积比密封腔内表面的面积要小得多[2]。实际上从小孔入射的辐射总有一部分从小孔逸出，其发射率会略小于 1。因此，这种辐射源称为人工黑体辐射源或黑体炉。人工黑体辐射源可作为标准黑体辐射源广泛应用于各种辐射测温仪的标定和测量各种物质的发射率。

7.1.1　黑体和黑体型辐射源

基尔霍夫定义的黑体是一个理想化的物理模型，它的发射率为 1，且与波长无关，而且是理想的漫发射体。这样，黑体可以用来作为与其他辐射源比较的基准。我们虽然无法制作出这样一个严格意义上的黑体，但可以制作一个尽可能接近绝对黑体的辐射源，比如它的发射率非常接近 1，而且在一定的光谱范围内与波长无关，在一定的空间辐射范围内遵循朗伯余弦定律。这样的辐射源本质上应是灰体，或者应确切地称为黑体型辐射源。多年来，都把这类黑体型辐射源称为黑体，约定俗成，黑体型辐射源这一更为确切的名称反而不常使用了。

绝对黑体要求对任何波长的辐射100%吸收，材料本身无法做到这一点，但是，入射到密封腔小孔的辐射却能被密封腔壁完全吸收。例如在等温容器A上开一个小孔B，所有由小孔B入射的光线经过多次反射才能由B射出。当腔壁的反射率较小，反射次数较多时，只有极小部分的光才能从B射出，如图7.1所示。如把A的内表面涂黑，设吸收率为0.9，反射率为0.1，经三次反射后，它就吸收了入射光的0.999，已经非常接近黑体了。因此，只要满足腔壁近似等温，开孔比腔体小得多，就有可能制作一个黑体源。

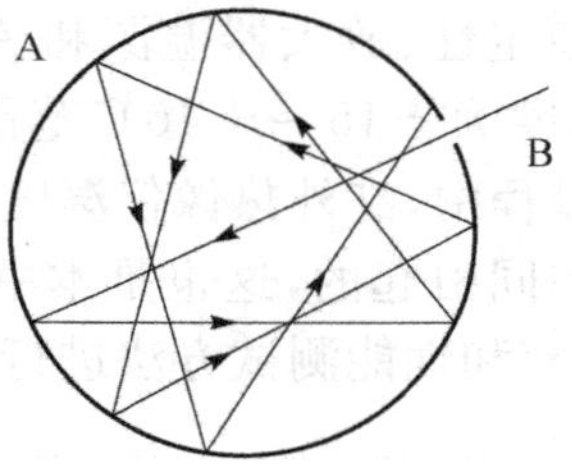

图7.1　人造黑体原理

按工作温度可将黑体辐射源分为三类：低温黑体（10～500K）、中温黑体（323～1273K）和高温黑体（温度高于1000K）。表征黑体的主要参数有[3]：

（1）发射率。

（2）黑体辐射面温度的均匀性。

（3）辐射孔面积。

（4）温度范围。

（5）温度控制精度。

根据黑体发射率和内表面温度均匀性，可将黑体分为凝固点黑体（基准黑体）、标准黑体和工业黑体[3]。用凝固点黑体检定一级标准黑体，用一级标准黑体检定工业黑体。

目前推荐使用的凝固点黑体主要有：

镓点黑体　凝固点温度 $T=302.9146\text{K}$，发射率 $\varepsilon=0.9999$；

锡点黑体　凝固点温度 $T=505.078\text{K}$，发射率 $\varepsilon=0.9999$；

锌点黑体　凝固点温度 $T=692.677\text{K}$，发射率 $\varepsilon=0.9999$；

银点黑体　凝固点温度 $T=933.473\text{K}$，发射率 $\varepsilon=0.9999$；

铝点黑体　凝固点温度 $T=1234.93\text{K}$，发射率 $\varepsilon=0.9999$；

金点黑体　凝固点温度 T=1337.18K,发射率 ε=0.9999;

铜点黑体　凝固点温度 T=1357.77K,发射率 ε=0.9999;

一级标准黑体发射率超过 0.999,温度均匀性小于 0.2K,测温准确度优于 0.05%。

工业黑体分为三等:一等工业黑体发射率不小于 0.99,温度均匀性小于 0.001T;二等工业黑体发射率不小于 0.98,温度均匀性小于 0.002T;三等工业黑体发射率不小于 0.95,温度均匀性小于 0.003T;T 为设定温度值。凝固点黑体采用复杂的腔体结构和利用纯金属元素的熔点进行恒温,工作温度范围为 195~2045K。一级标准黑体采用非常高质量的倒置锥体或球形腔体结构,工作温度范围为 223~1273K。工业黑体采用高质量的简单球形腔体结构,工作温度范围为 283~3573K。

按辐射腔口的孔径,可把黑体辐射源分为三类[4]:大型(腔口直径大于或等于 100mm)、中型(腔口直径约等于 30mm)和小型(腔口直径小于或等于 10mm)。

7.1.2　典型黑体辐射源的结构

不同黑体结构不完全相同,其主要组成部分包括辐射腔体、腔体外面的保温层和无感加热丝。腔体和加热丝都装在具有保温层的炉体内,为了热屏蔽加入铜热屏蔽罩;为了测量和控制温度还装有感温元件;黑体辐射源的前方设有光阑,其孔径小于腔口的直径,如图 7.2 所示[4]。

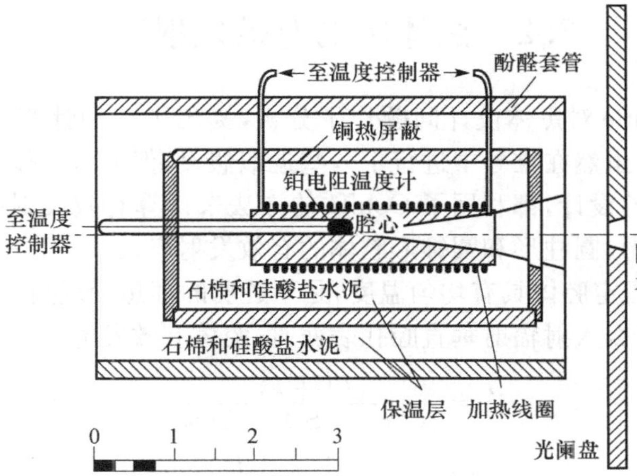

图 7.2　黑体辐射源的结构[4]

黑体腔有圆柱形、圆锥形、球形以及其他轴对称旋转体的组合。包容腔体的大块材料称为芯子。芯子材料应有较高的热传导系数，使温度梯度最小。在高温时，要有好的抗氧化能力和不易剥落的性能，并且有高的发射率。1400K以下黑体源的芯子材料一般都选用不锈钢，因为不锈钢有良好的导热系数，氧化表面的稳定性也很高。铜导热虽好，但受热后形成的氧化层不稳定。1400K以上可用石墨或陶瓷。

加热方式有电阻加热、循环液体加热以及使用不同工质的热管加热。采用电阻加热的芯子一般在其外围绕镍铬丝。为改善腔体温度的均匀性，可改变芯子的外形轮廓或采取非均匀绕组，尽量使每圈加热绕组加热的金属体积不变。在腔体的开口附近损失最大，可在此部位增加加热圈数。由于开口端很难均热，可以在黑体源的出口处设置光阑盘。该光阑相当于测量系统视场光阑，使测量系统只能看到黑体腔的温度较为均匀的中心部分。黑体源的辐射面积等于光阑孔的面积。

保温层可以用绝热材料，也可用辐射反射屏。冷却方式有水冷或风冷。控温和测温元件通常是热电偶或热电阻。

由斯特藩-玻尔兹曼定律可知，辐射功率与辐射温度的四次方成正比。所以，黑体源的辐射功率对温度十分敏感。如果要保证黑体辐射源辐出度变化小于1%，则要求其腔体温度变化不能超过0.25%。对一个1000K的黑体辐射源，要保证0.5%的辐射精度，则要求温度的控制精度大约为0.1%，即对1000K而言，要求控制和测量精度达到1K。因此，黑体辐射源常用铂电阻测温，PID精密温控装置的控温精度可达0.1K以上。

7.2 黑体腔的有效发射率

1954年，Gouffe对黑体设计问题作了分析，提出了一种计算开孔空腔有效发射率的表达式，虽然在推导中进行了一些近似假设，但大多数作为校准标准的高精度黑体结构的设计，都利用了Gouffe的方法来计算有效发射率。用Gouffe表达式可计算球形、圆柱形和圆锥形腔体的有效发射率。

Gouffe公式假定腔体具有均匀温度，是不透明的理想漫反射体，内表面吸收率等于发射率，那么入射辐射垂直腔孔表面时，腔体有效发射率计算公式为[4]

$$\varepsilon' = \frac{\varepsilon(1+k)}{\varepsilon(1-A/S_t)+A/S_t} \tag{7.1}$$

$$k = (1-\varepsilon)\left(\frac{A}{S_t} - \frac{r^2}{L^2+r^2}\right) \tag{7.2}$$

式中，ε'为腔体有效发射率；ε为腔壁发射率；A为开口面积；S_t为包括开口面积在内的腔体总表面面积；L为腔体深度；r为腔孔半径。当腔体深度与开口半径

比$L/r \gg 1$,式(7.2)可变为

$$k = (1-\varepsilon)\left(\frac{A}{S_t}-\frac{A}{S_0}\right) \tag{7.3}$$

式中,S_0 为直径等于腔体深度(从开口平面到腔体最深点)的球体表面积。

一个黑体型辐射源的有效发射率与腔体形状、开孔大小、腔壁的发射率及等温精度都有关。设计黑体除要求其有效发射率尽量接近于 1 外,开孔大小、等温精度均极其重要。等温精度影响到辐射的定量精度。开孔太小,无法获得一定的辐射能量,开孔过大有效发射率较低,也不易做到等温。

黑体源的腔体结构通常有球形、圆柱形或圆锥形等形式,如图 7.3 所示,选择时需要综合考虑各种因素。可对腔体形状作初步分析。

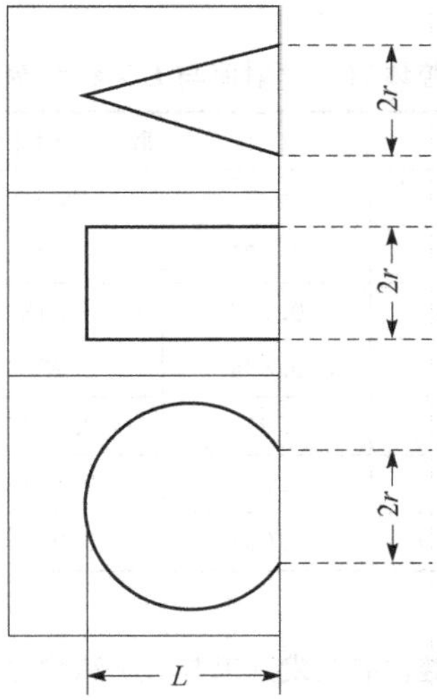

图 7.3　三种典型的腔体结构

设球形、圆柱形和圆锥形腔体具有相等的 L/r(腔长与开口半径比),用 Gouffe 公式可计算并比较它们的有效发射率。可以发现,腔孔的有效发射率总是大于腔壁材料的发射率;腔孔的内表面积越大,有效发射率越大,因此球形黑体有效发射率最高,圆柱次之,圆锥最低,这是因为球形腔体内反射次数最多的缘故。在腔壁发射率相同的情况下,L/r 越大则腔孔发射率也越大。若腔壁材料发射率较大,L/r 足够大,腔孔有效发射率将趋于 1。故这样的空腔型辐射源可视为黑体辐射源。

由 Gouffe 公式计算得出的结论是:对于给定的 L/r 值,表面积最大的腔体的有效发射率最高。腔体效应是极其明显的,腔体的有效发射率总是超过其腔壁的发射率。随着腔壁发射率的降低,腔体效应更为明显,如表 7.1～表 7.3

所示。

表 7.1 圆锥腔体有效发射率与 L/r 和腔壁发射率的关系

腔长/开孔半径(L/r)	腔壁发射率(ε)				
	0.1	0.3	0.5	0.7	0.9
1	0.195	0.478	0.677	0.827	0.948
2	0.290	0.625	0.806	0.912	0.977
4	0.407	0.753	0.894	0.961	0.992
8	0.545	0.848	0.943	0.982	0.997
10	0.591	0.872	0.954	0.986	0.998
12	0.629	0.890	0.961	0.989	0.999

表 7.2 圆柱腔体有效发射率与 L/r 和腔壁发射率的关系

腔长/开孔半径(L/r)	腔壁发射率(ε)				
	0.1	0.3	0.5	0.7	0.9
1	0.239	0.521	0.700	0.836	0.949
2	0.388	0.703	0.843	0.924	0.979
4	0.546	0.834	0.928	0.971	0.993
8	0.691	0.910	0.966	0.989	0.998
10	0.732	0.927	0.974	0.991	0.999
12	0.764	0.938	0.978	0.993	0.999

表 7.3 圆球腔体有效发射率与 L/r 和腔壁发射率的关系

腔长/开孔半径(L/r)	腔壁发射率(ε)				
	0.1	0.3	0.5	0.7	0.9
2	0.439	0.734	0.856	0.928	0.979
4	0.716	0.900	0.952	0.977	0.994
8	0.897	0.970	0.986	0.994	0.998
10	0.929	0.980	0.991	0.996	0.999
12	0.948	0.986	0.994	0.997	0.999

以圆柱腔体为例，当腔长与开孔半径比 L/r 为 4 时，随着腔壁发射率的提高，腔体有效发射率迅速增大。当腔壁发射率相同时，随着腔长与开孔半径比的增大，腔体有效发射率也迅速增大，如表 7.2 所示。

对给定 L/r，球形腔体的有效发射率最高，但制作较难，也难以均匀加热。

因此，圆柱或圆锥腔体结构还是经常采用的。开孔较小的点源黑体可以把整个腔体做成圆锥状，一些大口径的黑体面源的有效辐射面和附罩加工成同心 V 型槽，V 型槽的深度远大于槽的宽度，即有较大 L/r 值。

7.3　红外热像仪的标定

对于新的热像仪或使用一段时间后的热像仪，需要对热像仪测量的物体温度信号与热像仪产生的电信号之间的关系进行标定，保证热像仪的示值误差满足准确度的要求。

热像仪的标定主要包括示值误差和测温一致性的测试。热像仪的标定应在标准实验室内进行。实验室的环境温度应为(23±5)℃，湿度应不大于 85% RH，室内无强的环境热辐射。

采用腔式黑体辐射源和面辐射源分别对热像仪的示值误差和测温一致性进行标定。黑体辐射源的温度范围应满足被校热像仪的校准要求。黑体辐射源有低温、中温和高温辐射源。

按照热像仪校准规范[5]，黑体辐射源应满足表 7.4 的要求。

表 7.4　黑体辐射源的性能指标

辐射源种类	用　途	温度范围	空腔有效发射率	温度稳定性	准确度
腔式黑体辐射源	示值误差校准 测温一致性校准	100℃以下	0.99±0.01	±0.05℃	±0.2°
		100～1000℃	0.99±0.01	±0.1℃	±0.6°或 ±0.2%
		1000～2000℃	0.99±0.01	±0.1%	±1%
面辐射源(100mm×100mm 面阵)	测温一致性校准	100℃以下	0.97±0.02	±0.05℃	±0.03℃

黑体辐射源温度通常采用精密的接触温度计或辐射温度计测量，如热电偶和铂电阻温度计。

7.3.1　准确度校准

把黑体置于规定的工作距离，使热像仪清晰成像，准确测温。黑体温度设置为热像仪测温范围每一量程的最高、最低和中点。将被校热像仪置于点温度测量模式，测量黑体辐射源目标中心温度。在每个校准温度点，进行不少于 4 次测量。测量时，同时记录黑体辐射源参考温度标准的测量值 t_1、被校热像仪的示值 t_2 和被校热像仪当前的量程。

当 $t_2<100$℃时，热像仪的示值误差为

$$\theta = t_2 - t_1 \tag{7.4}$$

当 $t_2\geqslant 100$℃时，热像仪的示值误差为

$$\theta = \frac{t_2 - t_1}{t_2} \tag{7.5}$$

7.3.2　测温一致性校准

将被校热像仪的成像画面等分为 9 个区域，把面黑体置于规定的工作距离，使热像仪能清晰成像，并使面黑体的图像充满视场。设置黑体温度为热像仪测温范围内任一温度，分别选取 1～9 区域的中心位置为测温点，测量面黑体的温度。

当 $t_5<100$℃时，热像仪的示值误差 Φ_n 为

$$\Phi_n = t_5 - t_n \tag{7.6}$$

当 $t_5\geqslant 100$℃时，热像仪的示值误差为

$$\Phi_n = \frac{t_n - t_5}{t_5} \times 100\% \tag{7.7}$$

式中，n 为第 1～9 区域；Φ_n 为测温一致性；t_n 为各区域的测温读数；t_5 为第 5 区测温读数。

7.4　红外热像仪性能测试

红外系统的性能可利用示波器、计算机等分析仪器，直接测量输出电信号的幅值、时间常数和噪声确定。通常，红外系统的测试还依赖人们的视觉观察，通过观察黑白和彩色显示器的热像图测试热像仪的性能。有以下两种测试方法[6]：

(1) 主观方法。它是通过观察者对显示屏上的图像进行的视觉评估。这种方法依赖观察者的感官生理状态和心理状态。人眼观察时进行了大约 0.15s 的时间积分，可减小可见图像的噪声。

(2) 客观方法。这种方法是用光度计代替观察者的眼睛，可逐点分析显示的图像。

7.4.1　噪声等效辐射测试

噪声等效辐射(NEI)的定义为

$$\text{NEI} = E_{\text{p}} \frac{v_{\text{b}}}{v_{\text{s}}} \tag{7.8}$$

式中，E_p 是作用在一个光学视场单元上的入瞳瞬时辐射；v_s 是由入瞳辐射 E_p 产生的峰值信号电压；v_b 是探测器的等效噪声电压。

将红外系统放置在焦距为 f_c 的瞄准仪前，通常是一个抛物柱面反射镜，反射镜的尺寸要不小于测试系统的最大口径。在瞄准仪的焦点附近放置一个可转动的平面镜，用来将黑体或装有液氮的杜瓦瓶的辐射送入红外系统，系统和瞄准仪间的距离等于瞄准仪的焦距 f_c。

入射辐射 E_p 由黑体辐射和测量系统的几何参数计算得到[6]

$$E_{\text{p}} = \frac{F}{S_{\text{p}}} \tag{7.9}$$

由

$$F = \frac{M}{\pi} \frac{S_{\text{p}} S_{\text{cn}}}{f_{\text{c}}^2} \tag{7.10}$$

代入可得

$$E_{\text{p}} = \frac{M}{\pi} \frac{S_{\text{cn}}}{f_{\text{c}}^2} \tag{7.11}$$

式中，M 是对应系统工作波段的黑体辐射；S_p 是系统的入瞳面积；S_{cn}是系统光学视场单元 $d\theta$ 确定的黑体有效面积。

因为

$$S_{\text{cn}} = \pi \frac{(d\theta f_{\text{c}})^2}{4} \tag{7.12}$$

所以

$$E_{\text{p}} = \frac{M(d\theta)^2}{4} \tag{7.13}$$

7.4.2　等效噪声温差测试

根据等效噪声温差(NETD)的定义，用热成像系统观察标准试验图案，图案上目标与背景之间使基准电子滤波器输出端产生的峰值信号与噪声电压的均方根信号之比为 1 时，黑体目标与背景的温差为等效噪声温差。

$$\text{NETD} = \frac{T_0 - T_{\text{f}}}{v_{\text{s}}/v_{\text{b}}} \tag{7.14}$$

因此，测试时将温度为 T_0(℃)的黑体，其空间尺寸大于光学视场单元，但小于系统的总视场，放置在温度为 T_f 的均匀冷背景中(推荐在 22℃左右)，黑体与背景的温差远大于系统的 NETD(5～10℃)[6]。测量目标与背景之间温差为 $\Delta T = T_0 - T_f$ 时基准电路输出端目标信号与背景信号的视频电压信号差 v_s 和背景的均方根噪声信号 v_b，如图 7.4 所示。由测量值可计算出热像仪的 NETD。

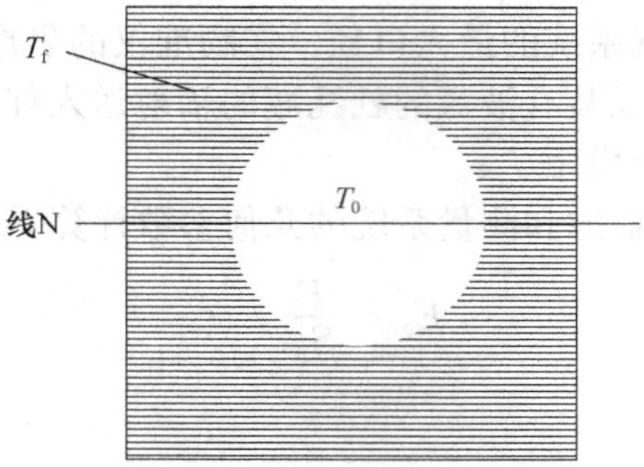

(a) 黑体目标与背景的热图

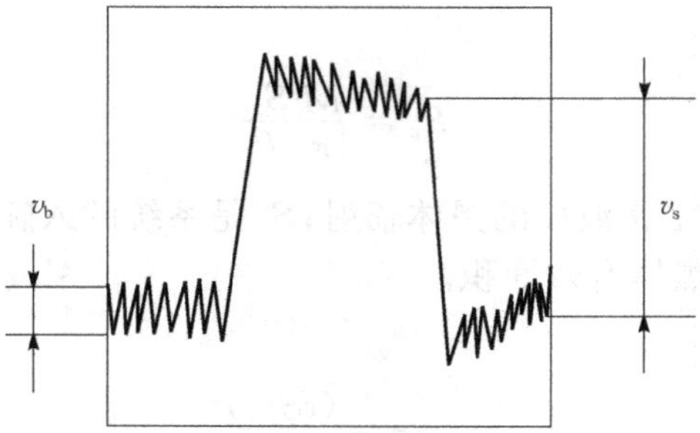

(b) 沿线N的信号电压

图 7.4　NETD 的测量[5]

NETD 作为红外热像仪综合性能的度量有一定的局限性[2]。红外热像仪的 NETD 反映的是热像仪对低频景物(均匀大目标)的温度分辨率，不能反映热像仪观察较高空间频率景物的温度分辨率。NETD 反映的是客观信噪比限制的温度分辨率，没有考虑人眼视觉特性的影响。NETD 的测量点在基准化滤波电路的输出端，而从电路输出端到终端图像显示之间还有其他系统，测试没有考虑显示单元的影响。因此，NETD 不能反映热像仪的整机性能。

7.4.3　最小可分辨温差测试

最小可分辨温差(MRTD)与系统的空间分辨率有关，它反映了人眼对红外热像系统输出图像的分辨能力。它与光学系统、探测器阵列、信号处理电路、显示系统的特性和人眼的分辨率等有关。因此,最小可分辨温差既反映了成像系统的客观性能,又反映了观察者的主观因素。

MRTD 测试采用至少 4 个空间频率不同的标准四杆图案靶标,每个靶标的空间频率是前一个的两倍,靶标中每个条带的高度是其宽度的 7 倍,如图 7.5 所示。靶标可用金属板制作,按要求在金属板上开四条高度是其宽度 7 倍的槽,在金属板的一面涂上发射率大于 0.95 的涂层。

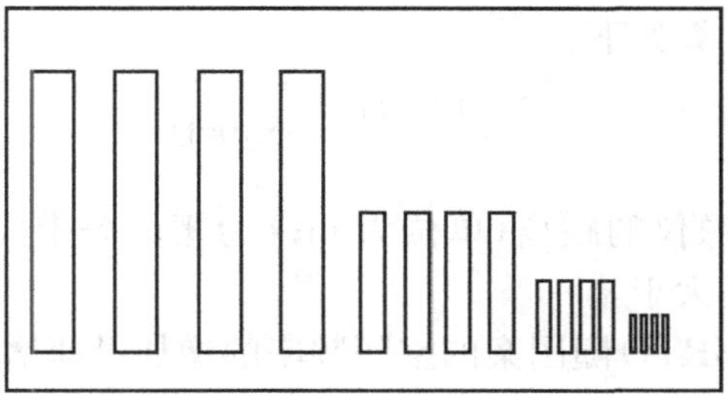

图 7.5　四杆图案靶标[8]

测试开始时,将较低空间频率的靶标图案放置在黑体前,如图 7.6 所示,靶标中条带与背景黑体之间的温差设置为零,相当于观测一个温度均匀的区域,同时将系统的增益调到最大,在图案中可以看到噪声。

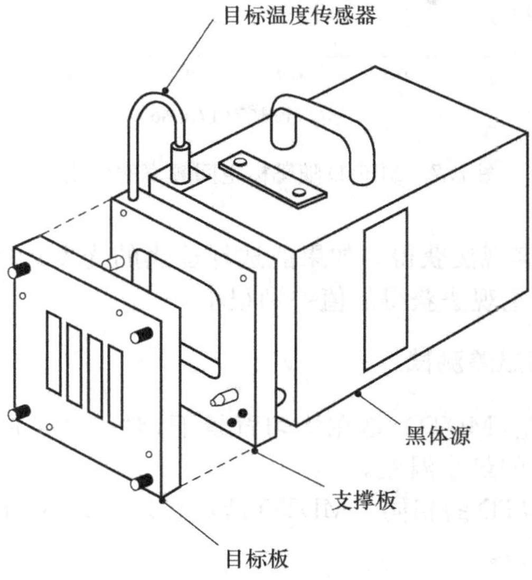

图 7.6　靶标图案与黑体的放置[9]

逐渐增加黑体温度使条带与靶标背景之间的温差逐渐增加，直到能用视觉分离出条带为止，此时的温差为 ΔT_1。继续增加温差，直到获得良好的图像。测量靶标以相反的方向重复上述步骤，即降低条带与背景之间的温差，直到周期条带结构在图像上消失，此时的温差为 ΔT_2。ΔT_2 通常低于 ΔT_1。

根据定义，对一个给定的空间频率，MRTD 取 ΔT_1 和 ΔT_2 的算术平均值。

$$\mathrm{MRTD} = \frac{\Delta T_1 + \Delta T_2}{2} \tag{7.15}$$

空间频率 f 的计算如下：

$$f = \frac{10^{-3} D}{s}\ (1/\mathrm{mrad}) \tag{7.16}$$

式中，D 为靶标到热像仪的距离，单位为 m；s 为靶标条带间中心线到中心线的距离，单位为 m；D 远大于 s。

测试结果表明 MRTD 随图案的空间频率的增加迅速增大，如图 7.7 所示。

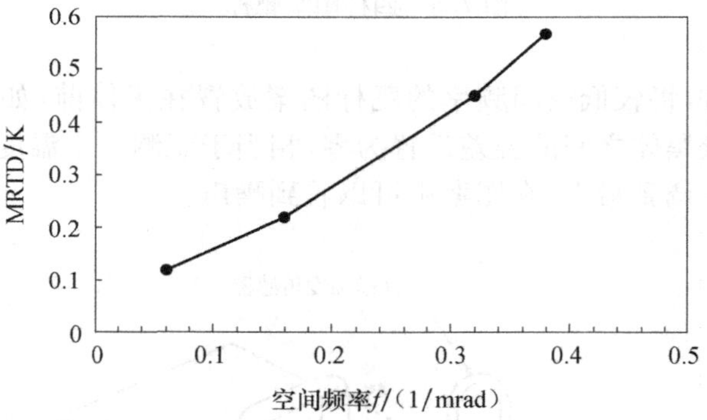

图 7.7 MRTD 随靶标空间频率的变化[9]

MRTD 也可由客观法获得。如果能选择适当的光度计的积分时间，由客观法获得的 MRTD 与主观法获得的值差别很小。

7.4.4 最小可探测温差测试

最小可探测温差（MDTD）是在均匀背景下，对一个扩展图案（通常是一个圆）用视觉观察测出的最小温差。

测量步骤与 MRTD 的相同。MDTD 是对红外系统视场性能的评价。它是零频率下的 MRTD 值。

$$\mathrm{MDTD} = \frac{\Delta T_1 + \Delta T_2}{2} \tag{7.17}$$

7.4.5 相对光谱响应测试

它是系统对波长为 λ 的单色辐射的相对响应，用波长为 λ_0 时的最大光谱灵敏度除响应函数 $R(\lambda)$ 得到[3,10]。

相关的参数测量方法还可参考文献[11]和[12]。

参考文献

[1] Minkina W, Dudzik S. Infrared Thermography—Errors and Uncertainties[M]. London: John Wiley & Sons, Ltd, 2009.

[2] 克利克苏诺夫. 红外技术原理手册[M]. 俞福堂等译. 北京：国防工业出版社，1986.

[3] 杨赵金，范纪红，王雷. 现代光学计量与测试[M]. 北京：北京航天航空大学出版社，2010.

[4] 张建奇，方小平. 红外物理[M]. 西安：西安电子科技大学出版社，2004.

[5] 中华人民共和国国家计量技术规范. JJF 1187-2008 热像仪校准规范[S]. 国家质量监督检验检疫总局，2008.

[6] Gaussorgue G. Infrared Thermography[M]. London: Chapman & Hall, 1994.

[7] ASTM E 1543-00 Standard Test Method for Noise Equivalent Temperature Difference of Thermal Imaging Systems[S]. 2006.

[8] ASTM E 1213-97 Standard Test Method for Minimum Resolvable Temperature Difference for Thermal Imaging Systems[S]. 1997.

[9] Holst G C. Testing and Evaluation of Infrared Imaging Systems[M]. Third edition. Washington: JCD Publising and SPIE Press, 2008.

[10] 中华人民共和国国家标准. GB/T 13584—1992 红外探测器参数测试方法[S]. 中国国家标准化管理委员会，1992.

[11] 中华人民共和国国家标准. GB/T 17444—1998 红外焦平面阵列特性参数测试技术规范[S]. 中国国家标准化管理委员会，1998.

[12] 中华人民共和国国家标准. GB/T 19807—2005 工业检测型红外热像仪[S]. 中国国家标准化管理委员会，2005.

第 8 章　军事目标红外热成像温度测量技术

军事目标红外辐射特征的研究对于红外制导武器装备的研制、军事目标的红外隐身、仿真训练和实战都具有重要的意义，国内外早在 20 世纪六七十年代就开始了目标红外辐射特征的研究[1]。军事目标包括装甲车辆、舰船、飞机等，军事目标的表面温度和红外辐射特性对其隐蔽性和有效防红外制导武器打击有着非常重要的影响，其测量和控制在现代战争中起着举足轻重的作用[2]。军事目标表面温度的测量受目标的发射率、反射率、背景辐射、大气透射率、大气温度等因素的影响，而军事目标一般处于户外环境中，背景辐射包括太阳辐射、天空背景辐射、地表辐射或海面辐射等，利用红外热像仪只能得到目标的辐射温度，很难得到军事目标的准确温度分布，测温的准确性较低，限制了热像仪在该领域的应用。

对于军事目标的测温，背景辐射的修正和大气透射率的测量是比较关键的两个问题，也是不同于一般物体的红外测温的两个方面。在大气衰减修正方面，1999 年，美国华盛顿大学的 Degui 和 Gillespie 通过对红外测温时大气衰减机理进行分析，得到影响其衰减主要因素，并在此基础上建立了多波段红外热像仪的自动大气补偿(AAC)的方法，并将此方法成功地运用到实际测量中[3]。同年，为测量远距离高温电气设备温度并对其故障进行红外诊断，华北电力大学的陈衡、尹增谦在已有测温结果距离修正方法的基础上，提出了一种新的修正方法，称为温度衰减系数法。和其他修正方法相比，该方法不仅物理意义清楚，而且在修正测温结果时更加准确、简单易行[4]。此外，国内外相关学者也就这方面进行了一些研究(见参考文献[5]～[15])，但他们主要立足于利用大气参数对大气透射率进行计算，其运算比较麻烦，在实际使用中运用困难。在背景辐射的修正方面，1981 年，中国科学院上海技术物理研究所的张才根等根据亮度法测温原理，建立了用红外测温仪测量目标表面真实温度的方法，得到了测温时对目标比辐射率和环境辐射等效黑体温度修正的方法[16,17]。但是，该方法主要应用于红外测温仪，同时，只适用于近距离物体的背景辐射的修正。

为实现远距离军事目标红外测温，需要建立军事目标测温的数学模型，得到其测温的计算公式，对影响军事目标测温的各个影响因素进行修正，从而实现军事目标表面温度的准确测量。

8.1　军事目标测温模型与测温计算

红外热像仪是根据接收被测物体表面发射的辐射来确定其温度的。实际测量时，热像仪接收到的有效辐射包括三部分：目标自身辐射、环境反射辐射和大气辐射。而环境反射辐射又包括两部分，即均匀环境反射辐射和非均匀环境反射辐射。军事目标一般处于户外环境中，它所接受的均匀环境辐射主要是天空背景辐射，而接受的非均匀环境辐射包括地表辐射（或海面辐射）和太阳辐射等。

将天空简化为灰体，则在被测目标充满热像仪瞬时视场的情况下，被测目标表面的辐射亮度为

$$L_{\lambda 1} = \varepsilon(\lambda, T_0, \theta_r, \varphi_r) L_{b\lambda}(T_0) + \rho(\lambda, T_0, \theta_r, \varphi_r, 2\pi)\varepsilon_a L_{b\lambda}(T_\varepsilon) + \rho(\lambda, T_0, \theta_r, \varphi_r, \theta_s, \varphi_s) L_{sun} + \rho(\lambda, T_0, \theta_r, \varphi_r, \theta_g, \varphi_g)\varepsilon_s(\lambda, T_g, \theta_g, \varphi_g) L_{b\lambda}(T_g) \tag{8.1}$$

式中，等号右边第一部分为表面自身的光谱辐射亮度，第二部分为物体表面反射的大气辐射的光谱辐射亮度，第三部分为物体表面反射的太阳辐射的光谱辐射亮度，第四部分为物体表面反射的地面辐射的光谱辐射亮度；T_0 为被测物体的温度；T_a 为大气温度；T_g 为地物的温度；L_{sun}为太阳的光谱辐射亮度；ε_a 为天空背景发射率；$\varepsilon(\lambda, T_0, \theta_r, \varphi_r)$为温度 T_0 的被测物体在方向(θ_r, φ_r)上的方向光谱发射率；$\rho(\lambda, T_0, \theta_r, \varphi_r, 2\pi)$为温度 T_0 的被测物体在方向(θ_r, φ_r)上的光谱半球-方向反射率；$\rho(\lambda, T_0, \theta_r, \varphi_r, \theta_s, \varphi_s)$为温度 T_0 的被测物体对太阳辐射的光谱双向反射分布函数；(θ_s, φ_s)为太阳相对于被测目标的方位角；$\varepsilon_s(\lambda, T_g, \theta_g, \varphi_g)$为地物在方向$(\theta_g, \varphi_g)$上的光谱发射率；$\rho(\lambda, T_0, \theta_r, \varphi_r, \theta_g, \varphi_g)$为温度 T_0 的被测物体对地面辐射的光谱双向反射分布函数；(θ_g, φ_g)为地物相对于被测目标的方位角。

作用于热像仪的辐射亮度为

$$L_\lambda = \tau_{a\lambda} L_{\lambda 1} + \varepsilon_{a\lambda} L_{b\lambda}(T_a) \tag{8.2}$$

式中，$\tau_{a\lambda}$为大气的光谱透射率；$\varepsilon_{a\lambda}$为大气的光谱发射率。

在目标充满整个瞬时视场的情况下，作用于热像仪的辐射照度为[18]

$$E_\lambda = \frac{A_0}{d^2} L_\lambda = \Omega_s L_\lambda \tag{8.3}$$

式中，A_0 为热像仪瞬时视场所对应的目标的面积；d 为目标到热像仪之间的距离；Ω_s 为热像仪的瞬时视场角。

入射到探测器上该波长的辐射功率为

$$P_\lambda = E_\lambda \cdot A_R \cdot \tau_{a\lambda} = \tau_{a\lambda} \Omega_s A_R L_\lambda \tag{8.4}$$

式中，A_R 为热像仪透镜的面积；$\tau_{o\lambda}$为光学系统的光谱透过率。

辐射能量经过探测器转换成信号电压，与辐射功率相应的信号电压为

$$V_s = \int_{\Delta\lambda} P_\lambda \mathcal{R}_\lambda \mathrm{d}\lambda = \Omega_s A_R \int_{\Delta\lambda} \tau_{o\lambda} \mathcal{R}_\lambda L_\lambda \mathrm{d}\lambda \tag{8.5}$$

式中，$\mathcal{R}_\lambda$为探测器的光谱响应度，表示红外探测器把红外辐射转变为电信号的能力。

信号电压经过信号处理，最终所产生的对应数字图像的灰度级，则得到[19]

$$G_s = K_1 V_s + K_2 \tag{8.6}$$

式中，K_1、K_2 分别为热像仪的系统增益和补偿。

由于热像仪工作在一个很窄的波段，对于发射率、反射率、大气透射率、光学系统的光谱透过率、响应度取探测器响应波段的平均值，令 $I(T) = \int_{\Delta\lambda} L_{b\lambda}(T)\mathrm{d}\lambda$，则可得到

$$\begin{aligned} G_s = & K_1 \tau_o \Omega_s A_R \mathcal{R} \Big\{ \tau_a [\varepsilon(T_0, \theta_r, \varphi_r) I(T_0) + \rho(T_0, \theta_r, \varphi_r, 2\pi) \varepsilon_a I(T_a) \\ & + \rho(T_0, \theta_r, \varphi_r, \theta_s, \varphi_s) \int_{\Delta\lambda} L_{sun} \mathrm{d}\lambda + \rho(T_0, \theta_r, \varphi_r, \theta_g, \varphi_g) \varepsilon_s (T_g, \theta_g, \varphi_g) I(T_g)] \\ & + \varepsilon_a I(T_a) \Big\} + K_2 \end{aligned} \tag{8.7}$$

式中，τ_o 为 $\lambda_1 \sim \lambda_2$ 光谱区间内光学系统的平均透射率；τ_a 为 $\lambda_1 \sim \lambda_2$ 光谱区间内大气的平均透射率；ε_a 为 $\lambda_1 \sim \lambda_2$ 光谱区间内大气的平均发射率；$\varepsilon(T_0, \theta_r, \varphi_r)$为温度 T_0 的被测物体在 $\lambda_1 \sim \lambda_2$ 光谱区间内、在方向(θ_r, φ_r)上的平均方向发射率；$\rho(T_0, \theta_r, \varphi_r, 2\pi)$为温度 T_0 的被测物体在 $\lambda_1 \sim \lambda_2$ 光谱区间内、在方向(θ_r, φ_r)上的平均半球-方向反射率；$\rho(T_0, \theta_r, \varphi_r, \theta_s, \varphi_s)$为温度 T_0 的被测物体在 $\lambda_1 \sim \lambda_2$ 光谱区间内、在方向(θ_r, φ_r)上对太阳辐射的平均双向反射分布函数；$\varepsilon_s(T_g, \theta_g, \varphi_g)$为地物在$\lambda_1 \sim \lambda_2$ 光谱区间内、在方向(θ_g, φ_g)上的平均方向发射率；$\rho(T_0, \theta_r, \varphi_r, \theta_g, \varphi_g)$为温度 T_0 的被测物体在 $\lambda_1 \sim \lambda_2$ 光谱区间内、在方向(θ_r, φ_r)上对地表辐射的平均双向反射分布函数。

令 $K_1 \tau_o \Omega_s A_R \mathcal{R} = K$，得

$$\begin{aligned} G_s = & K \Big\{ \tau_a [\varepsilon(T_0, \theta_r, \varphi_r) I(T_0) + \rho(T_0, \theta_r, \varphi_r, 2\pi) \varepsilon_a I(T_a) \\ & + \rho(T_0, \theta_r, \varphi_r, \theta_s, \varphi_s) \int_{\Delta\lambda} L_{sun} \mathrm{d}\lambda + \rho(T_0, \theta_r, \varphi_r, \theta_g, \varphi_g) \varepsilon_s (T_g, \theta_g, \varphi_g) I(T_g)] \\ & + \varepsilon_a I(T_a) \Big\} + K_2 \end{aligned} \tag{8.8}$$

热像仪的灰度值与辐射温度有如下关系：

$$G_s = KI(T_r) + K_2 \tag{8.9}$$

则由式(8.8)、式(8.9)可得

$$\begin{aligned} I(T_r) = \tau_a \Big\{ & [\varepsilon(T_0,\theta_r,\varphi_r)I(T_0) + \rho(T_0,\theta_r,\varphi_r,2\pi)\varepsilon_a I(T_a) \\ & + \rho(T_0,\theta_r,\varphi_r,\theta_s,\varphi_s)\int_{\Delta\lambda} L_{sun}\mathrm{d}\lambda + \rho(T_0,\theta_r,\varphi_r,\theta_g,\varphi_g)\varepsilon_s(T_g,\theta_g,\varphi_g)I(T_g)] \\ & + \varepsilon_a I(T_a)\Big\} \end{aligned} \tag{8.10}$$

军事目标表面一般都进行了涂漆处理，故其表面满足灰体近似，对大气可认为 $\varepsilon_a = 1 - \tau_a$，则式(8.10)可变为

$$\begin{aligned} I(T_r) = \tau_a \Big\{ & \varepsilon(T_0)I(T_0) + [1-\varepsilon(T_0)][(1-\tau_a)I(T_a) + \frac{1}{\pi}E_s \\ & + \varepsilon_s(T_g,\theta_g,\varphi_g)I(T_g)]\Big\} + (1-\tau_a)I(T_a) \end{aligned} \tag{8.11}$$

式中，E_s 为热像仪响应波段上被测表面上的太阳辐照度。

将落到被测物体上的总环境辐射等效为温度为 T_B 的黑体发出的均匀辐射，即

$$I(T_B) = I(T_a) + \frac{1}{\pi}E_s + \varepsilon_s(T_g,\theta_g,\varphi_g)I(T_g) \tag{8.12}$$

则式(8.11)可简化为

$$I(T_r) = \tau_a\{\varepsilon(T_0)I(T_0) + [1-\varepsilon(T_0)]I(T_B)\} + (1-\tau_a)I(T_a) \tag{8.13}$$

被测物体的表面温度的计算公式为

$$I(T_0) = \frac{1}{\tau_a\varepsilon(T_0)}I(T_r) - \frac{1-\varepsilon(T_0)}{\varepsilon(T_0)}I(T_B) - \frac{1-\tau_a}{\tau_a\varepsilon(T_0)}I(T_a) \tag{8.14}$$

由式(8.14)可知，要计算得到目标的表面温度，需要得到目标的表面发射率、大气透射率和背景辐射的等效温度 T_B，然后用式(8.14)进行温度修正，得到的温度即为目标的表面真实温度。

8.2 军事目标表面发射率的测量技术

物体发射率是利用红外辐射进行非接触温度测量的关键参数，没有准确的物体发射率，就不可能利用红外热像仪获得真实可靠的物体表面温度。

8.2.1 影响发射率大小的因素分析

1. 不同材料性质的影响

不同性质的材料因其对辐射的吸收或反射性能各异，它们的发射性能也应

不同。这里所说的不同材料性质，不仅指材料的化学组分和化学性质的差异，也包括材料的物理性质和内部结构（如表面层结构和结晶状态等）的差异。例如，绝大多数纯金属表面的发射率都很低；而绝大多数非金属材料（尤其是金属氧化物），红外光谱区的发射率都很高，当温度低于 300K 时，金属氧化物的发射率一般大于 0.8。

2. 表面状态的影响

任何实际物体表面都不是绝对光滑的，总会表现为不同的表面粗糙度。因此，这种不同的表面形态将对反射率造成影响，从而影响发射率的数值，这种影响的大小同时取决于材料的种类。例如，对于非金属电介质材料，发射率受表面粗糙度影响较小或无关。但是，对于金属材料而言，表面粗糙度将对发射率产生较大影响。如熟铁，当表面状况为毛面，温度为 300K 时，发射率为 0.94；当表面状况为抛光，温度为 310K 时，发射率仅为 0.28。

另外，应该强调，除了表面粗糙度以外，一些人为因素，如施加润滑油及其他沉积物（如涂料等），都会明显地影响物体的发射率。

3. 物体表面温度的影响

在许多关系式中，把发射率看作是随温度变化的，但却没有明确指出发射率如何随温度变化。这是因为不同材料在不同波长和温度范围内，这种变化也不一样，难以用统一的分析表达式做定量概括。一般实验表明，绝大多数非金属材料的发射率随温度升高而减小；绝大多数纯金属的发射率近似地随开氏温度成比例增大，其比例系数与金属电阻率有关。

4. 测量波段的影响

物体表面光谱发射率随波长变化而变化，在红外区域，大多数物体的光谱发射率随波长的增加而降低。而测温时使用的发射率是探测器相应波段上的平均发射率，其数值与探测器的相应波段有关。对于不同的红外热像仪，其探测器的响应波段不同，因此对于相同的物体当用不同的热像仪进行发射率的测量时，其得到的发射率可能不同，但是如果用它们各自测定的发射率去修正物体的真实温度时，其结果应该是相同的，这正如每台红外热像仪在出厂前都要进行精确的标定一样，尽管标定常数不尽相同，但是它们都能获得正确的测量结果。另外，用某种热像仪测定的物体发射率，不能不加分析地在另外不同的热像仪上使用，否则将造成较大的测温误差，甚至错误的结果。

8.2.2 测量发射率的方法

1. 查表法

利用参考文献或热像仪提供的各种物体的发射率的参考值得到物体的发射率。对于军事目标，其表面一般为油漆面，故可以根据所涂油漆的种类查找对应的表面发射率。例如，Ti30 红外热像仪提供的油漆（不含乙醇）在 8～14μm 波段范围内的表面发射率为 0.9～0.95。

查表法最为简单，但是和其他方法相比较，其误差往往比较大，这是因为物体表面发射率不仅受物体材料性质的影响，还受物体表面状况、物体表面温度等因素的影响，所以该方法一般在对高发射率的物体的测量或者对精度要求不高的情况下采用。

2. 改变环境辐射法

该方法在双背景法的基础上得出，但其背景的改变不是通过改变环境温度，而是通过在自然条件下背景本身的变化或者外加一个辐射源的方法得到。由于在不同的时刻或不同的云层条件下，太阳辐射或天空背景辐射不同，故背景辐射不同，这样背景就改变了，这就利用了自然条件下背景本身的变化。

1）实施方法与步骤

（1）准备一个与被测物体表面结构相似的、已知表面发射率为 ε_R 的物体作为参考体，将其放在待测目标前面并与之平行。

（2）在现有背景下用红外热像仪分别测量目标和参考体的辐射温度，分别得到 T_{r1} 和 T_{r3}。

（3）改变环境辐射，其方法为在不同时刻或不同的云层条件下，或者外加一个辐射源对目标进行投射。

（4）再分别用红外热像仪测量目标和参考体的辐射温度，分别得到 T_{r2} 和 T_{r4}。

（5）利用下式即可计算得到目标的表面法向发射率：

$$\varepsilon = 1 - (1 - \varepsilon_R) \frac{I(T_{r2}) - I(T_{r1})}{I(T_{r4}) - I(T_{r3})} \tag{8.15}$$

2）测温原理

根据式(8.13)可得，在现有背景下，目标和参考体的测温计算公式分别为

$$I(T_{r1}) = \tau_a\{\varepsilon_n(T_0)I(T_0) + [1 - \varepsilon_n(T_0)]I(T_{B1})\} + (1 - \tau_a)I(T_a) \tag{8.16}$$

$$I(T_{r3}) = \tau_a[\varepsilon_R I(T_R) + (1 - \varepsilon_R)I(T_{B1})] + (1 - \tau_a)I(T_a) \tag{8.17}$$

式中，T_{B1}为现有背景下等效环境辐射温度。

同样地，可得改变环境辐射后，目标和参考体的测温计算公式分别为

$$I(T_{r2}) = \tau_a\{\varepsilon_n(T_0)I(T_0) + [1-\varepsilon_n(T_0)]I(T_{B2})\} + (1-\tau_a)I(T_a) \tag{8.18}$$

$$I(T_{r4}) = \tau_a[\varepsilon_R I(T_R) + (1-\varepsilon_R)I(T_{B2})] + (1-\tau_a)I(T_a) \tag{8.19}$$

式中，T_{B2}为改变环境辐射后的等效环境辐射温度。

根据式(8.16)～式(8.19)，可得目标的表面发射率为

$$\varepsilon_n(T_0) = 1-(1-\varepsilon_R)\frac{I(T_{r2})-I(T_{r1})}{I(T_{r4})-I(T_{r3})} \tag{8.20}$$

8.3 大气透射率的测量

8.3.1 大气衰减的原因

1. 大气衰减红外辐射的原因之一是大气分子的吸收作用

大气中的某些分子具有与红外光谱区域相应的振动-转动共振频率，同时还有纯转动光谱带，因而能对红外辐射产生吸收。这些分子是水蒸气、二氧化碳、臭氧、一氧化二氮、甲烷以及一氧化碳等。其中水蒸气、二氧化碳、臭氧能引起最大的吸收量，这是因为它们均具有强烈的吸收带，而且它们在大气中都具有相当高的浓度。一氧化二氮、甲烷和一氧化碳这一类的分子，只有辐射通过的路程相当长或通过很大浓度的空气时，才能表现出明显的吸收。

2. 大气衰减红外辐射的原因之二是悬浮粒子的吸收作用

除了吸收气体外，大气中还有一些悬浮粒子的吸收对辐射造成衰减，如空气分子、气溶胶、云和雨滴。

3. 大气衰减红外辐射的原因之三是大气中的分子和各种悬浮微粒的散射作用

散射产生于媒质的不均匀性。大气中的气体分子和密度起伏，各种悬浮微粒都是大气散射元。散射的过程可看作辐射光子与散射元粒子之间的碰撞过程。为简单起见，只考虑弹性碰撞，则散射后不会改变辐射能量的光谱分布，即纯散射不引起总辐射能量的损耗，但会引起辐射能量改变其原来的空间分布或偏振状态。因此，散射后在原来方向或以某种偏振方式传输的辐射受到衰减。在红外区随着波长增加，散射衰减逐渐减少，但在吸收很低的大气窗口区，相对

来讲，散射就是衰减的重要原因了。散射的强弱与大气中散射元的浓度、大小及辐射的波长有密切关系。

8.3.2　现有大气影响的修正方法评述

在远距离红外测温的实践中，为了获得被测物体表面的实际温度分布，现已提出几种对红外测温结果进行距离修正的方法[4]。

1. 功能修正法

当前许多先进的红外热像仪本身都设有距离修正功能，利用该功能直接对红外测温结果进行距离修正。这种修正方法虽然十分简单，但不可能做到准确可靠。因为导致红外测温结果随测量距离变化的根本原因是被测物体发射的红外辐射能量在大气中传输时被大气中的吸收气体组分（如水蒸气、二氧化碳、甲烷、一氧化碳等）引起的吸收衰减和大气悬浮微粒的散射衰减所致。尽管大气中的二氧化碳组分不变（体积含量约占大气的 330ppm），但大气中的水蒸气含量随地理位置、季节及检测时间变化，大气洁净程度（空气中散射红外辐射的悬浮微粒含量与尺寸分布）也因时因地而不同。因此，大气条件参数的千变万化，大气温度和压强的改变，使得任何红外检测仪器都不可能给出与测量现场当时当地实际情况相吻合的普遍适用的修正方案。为了提高红外测温的准确性，仍需对红外测温结果自行完成距离修正。

2. 修正系数法

这种方法就是通过模拟试验，在不同距离上测量同一热源温度随距离的变化，得到一组温度随测量距离变化的修正系数数据。例如，当在 10m 以上距离检测架空高压输电线路导线连接故障点温度时，通过模拟试验得到一组温度修正系数。只要把现场红外检测得到的接头温度（或温升）值乘以相应修正系数，则可得到导线过热连接件相对线路导线的实际温升值。

应该指出，修正系数法虽然使用起来很简单，但是任何一组修正系数值总是在一定的特定环境大气条件（如湿度、温度、压强、洁净程度等）下得到的，当用于不同环境大气条件下的测温修正时，必然带来一定误差。解决这个矛盾的唯一办法就是在各种不同大气条件下分别进行模拟试验，取得在不同大气条件下的相应修正系数。然而，这不仅需要进行大量的模拟试验，而且，在测量现场也很难准确地获得有关的大气参数值。同时，也给查找相应的合适修正系数值带来不便。

3. 定标曲线修正法

这种修正方法与修正系数法类似，也是利用温度稳定且可调的热源(如黑体)，用红外热像仪在不同距离上测量其温度值，并将测量结果以距离为参数画成图 8.1 所示的温度定标修正曲线簇。当取得现场红外测温值(仪器显示值)后，做水平线与相应测量距离的定标线相交，再画垂直线与水平轴相交，该交点所示温度值就是修正后的被测物体表面的实际温度值。这种修正方法的优缺点及解决办法，与修正系数法完全相同。

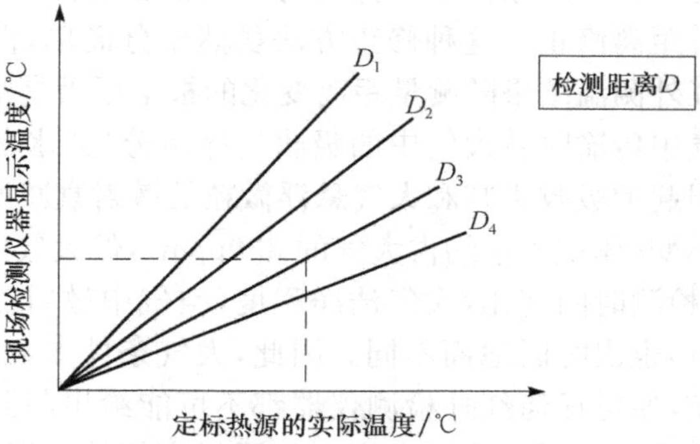

图 8.1 温度定标修正曲线簇

综合以上大气影响的修正方法可知，对于功能修正法、修正系数法和定标曲线修正法，其使用较为简单，但其没有考虑不同的大气条件，所以其修正的精度可能受到影响。

8.3.3 大气透射率计算法

此方法是根据红外辐射在大气中传播的影响因素，由大气的各项参数算出大气的透射率，然后根据红外测温的公式进行修正。目前主要利用 LOWTRAN、FASCODE、MODTRAN、HITRAN 等专业大气传输软件进行大气透射率的计算，这些计算软件虽然计算结果较为精确，但需要测量大气的各项参数，使用较为复杂。

此外，还有人简化了大气透射率的计算，只要给出大气温度、相对湿度、大气能见度、降水强度、降雪强度等大气数据，就可以根据给定的公式算出大气透射率[20]。该方法可满足精度要求不高的工程计算，但由于它只考虑影响红外辐射传输的几个主要因素，必然影响计算结果的精度。

8.3.4　大气透射率的现场标定法

1. 实施方法

有些红外热像仪本身设计有大气透射率修正功能，可以人为地改变大气透射率的数值，比如美国 FLIR 公司的 SC3000 红外热像仪。

首先选择已知发射率的大面源黑体，将黑体放置在和待测目标相同的位置处，并对其温度进行设定；用红外热像仪测量被测黑体的表面温度，设定黑体的发射率值，调节红外热像仪参数设置表的透过率修正值栏，直至黑体的示值温度与黑体的设置温度相同，此时修正栏中的大气透过率修正值即为大气透过率的现场标定值。在相同距离下测量军事目标的表面温度时，可利用得到的大气透过率的现场标定值对目标的表面温度进行大气透射率修正。

对于没有大气透射率修正功能的红外热像仪，其步骤为：

(1) 准备一个温度稳定的大面积黑体热源，其发射率已知。设定黑体的温度。

(2) 将黑体放置在和待测目标相同的位置处，将热像仪瞄准目标并调焦。

(3) 调节热像仪的发射率，将发射率设置为 1.00。

(4) 测量黑体表面的辐射温度，记下此温度值。多次测量，记下平均值。

(5) 用下式计算大气透射率：

$$\tau_a = \frac{I(T_{r1}) - I(T_a)}{I(T_1) - I(T_a)} \tag{8.21}$$

式中，T_1 为黑体温度；T_{r1} 为黑体的辐射温度。

2. 测量原理

对于黑体，在与待测目标相同的位置处，根据式(8.13)可得

$$I(T_{r1}) = \tau_a[\varepsilon_B I(T_1) + (1 - \varepsilon_B) I(T_B)] + (1 - \tau_a) I(T_a) \tag{8.22}$$

式中，ε_B 为黑体的表面发射率。

由于黑体的表面发射率接近于 1，在将黑体的表面发射率近似等于 1 的情况下，根据式(8.22)可得

$$I(T_{r1}) = \tau_a I(T_1) + (1 - \tau_a) I(T_a) \tag{8.23}$$

则根据式(8.23)，可计算得到大气透射率为

$$\tau_a = \frac{I(T_{r1}) - I(T_a)}{I(T_1) - I(T_a)} \tag{8.24}$$

8.3.5 一种测量大气透射率的方法

本方法根据双背景法的思想而提出，利用一个参考体和改变环境辐射（通过自然条件下背景本身的变化或者外加一个辐射源）的方法通过计算得到大气透射率的数值。由于在不同的时刻或不同的云层条件下，太阳辐射或天空背景辐射不同，故背景辐射不同。该方法考虑了现场的大气条件，同时其实施也比较方便，有一定的推广意义。

1. 实施方法

(1) 用测量距离的仪器（如激光测距仪）测量红外热像仪与被测目标之间的距离，其值为 l_1。

(2) 准备一个温度稳定的大面积热源作为参考体。为方便起见，选用黑体或非金属体（漫射体）作为参考体。

(3) 将参考体与热像仪之间的距离设置为 l_1，在现有背景下测量参考体的辐射温度，得到 T_{r1}。

(4) 移动参考体到热像仪附近进行测温，使其距离较小但同时满足测量要求，在现有背景下测量参考体的辐射温度 T_{r3}。

(5) 改变环境辐射，其方法为在不同时刻或不同的云层条件下，或者外加一个辐射源对目标进行投射。

(6) 分别在距离为 l_1 和距离较小处测量参考体的辐射温度，分别得到 T_{r2} 和 T_{r4}。

(7) 利用下式即可计算得到大气透射率：

$$\tau_a = \frac{I(T_{r2}) - I(T_{r1})}{I(T_{r4}) - I(T_{r3})} \tag{8.25}$$

2. 测量原理

在现有背景下，参考体与热像仪之间的距离为 l_1 时，其测温公式为

$$I(T_{r1}) = \tau_a[\varepsilon_R I(T_R) + (1-\varepsilon_R)I(T_{B1})] + (1-\tau_a)I(T_a) \tag{8.26}$$

式中，T_{B1} 为现有背景下的等效环境辐射温度；ε_R 为参考体的表面法向发射率。

在现有背景下，将热像仪放置到参考体附近进行测温，当它们之间距离较小时，可忽略大气衰减的影响，其测温公式为

$$I(T_{r3}) = \varepsilon_R I(T_R) + (1-\varepsilon_R)I(T_{B1}) \tag{8.27}$$

改变环境辐射后，参考体与热像仪之间的距离为 l_1 时，其测温公式为

$$I(T_{r2}) = \tau_a[\varepsilon_R I(T_R) + (1-\varepsilon_R)I(T_{B2})] + (1-\tau_a)I(T_a) \tag{8.28}$$

式中，T_{B2} 为改变环境辐射后的等效环境辐射温度。

改变环境辐射后，将热像仪放置到参考体附近进行测温，则它们之间距离较小时，可忽略大气衰减的影响，其测温公式为

$$I(T_{r4}) = \varepsilon_R I(T_R) + (1-\varepsilon_R) I(T_{B2}) \tag{8.29}$$

根据式(8.26)～式(8.29)，可得大气透射率的计算公式为

$$\tau_a = \frac{I(T_{r2}) - I(T_{r1})}{I(T_{r4}) - I(T_{r3})} \tag{8.30}$$

8.4　背景辐射的修正

在对军事目标的测温中，不可避免地受到背景辐射的影响，这些背景辐射包括太阳辐射、天空背景辐射、地面辐射或海面辐射等，在不同的测量环境这些辐射不同。为了准确测量目标的真实温度，需要对背景辐射进行修正。

8.4.1　太阳辐射

太阳辐射到达地面的过程中要经过大气的衰减作用。这种衰减主要是大气分子对太阳辐射的吸收、散射以及云、雾、雨、雪等颗粒的散射和吸收等作用所导致。图 8.2 给出了太阳辐射与地球大气的相互作用。由于大气的衰减作用，太阳辐射到达地面的部分主要分为太阳直射辐射和散射辐射两部分。

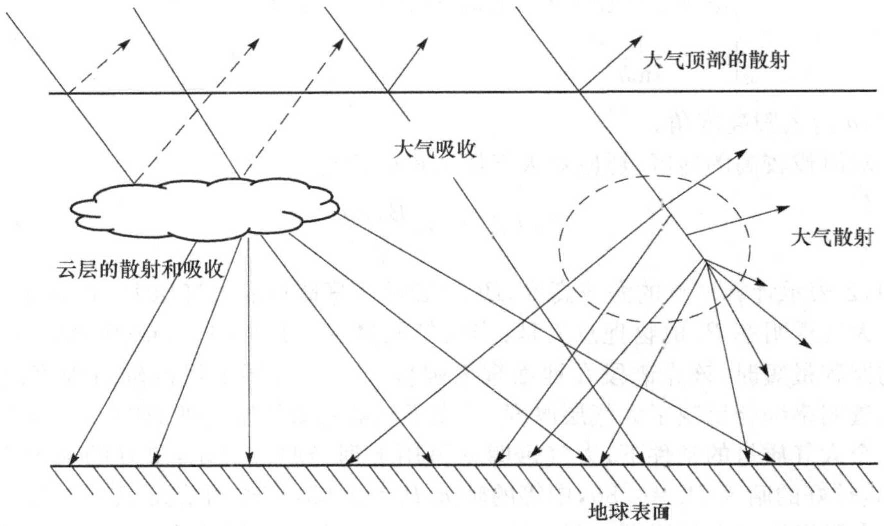

图 8.2　太阳辐射与地面云层间的相互作用

1. 太阳直射辐射

由于地球以椭圆形轨道绕太阳运行，因此太阳与地球之间的距离不是一个常数，而且一年里每天的日地距离也不一样。众所周知，某一点的辐射强度与距辐射源的距离的平方成反比，这意味着地球大气上方的太阳辐射强度会随日地间距离不同而异。然而，由于日地间距离太大，所以地球大气层外的太阳辐射强度几乎是一个常数。因此人们就采用所谓“太阳常数”E_0 来描述地球大气层上方的太阳辐射强度。它是指平均日地距离时，在地球大气层上界垂直于太阳辐射的单位表面积上所接受的太阳辐射能。近年来通过各种先进手段测得的太阳常数的标准值为 $E_0=1353\text{W/m}^2$，一年中由于日地距离的变化所引起太阳辐射强度的变化不超过 3.4%。计算中引入日地距离修正系数来对太阳常数进行修正[21]

$$E = \xi \cdot E_0 \tag{8.31}$$

式中，ξ 表示日地距离修正系数，且 $\xi=1.0+0.034\cos(2\pi n/360)$；$n$ 表示计算日在一年中的日期序号，一月一号为第一天。

表征太阳辐射衰减程度的重要参数是大气质量和大气透明率。大气质量定义为太阳光线穿过地球大气的路径与太阳光线垂直地面入射时的路径之比，记为 m，并假定在标准大气压下，海平面上太阳光线垂直入射的路径为 1。其计算式为[21]

$$\begin{cases} m = [1229 + (614\sin h)^2]^{\frac{1}{2}} - 614\sin h & h < 30^\circ \\ m = \dfrac{1}{\sin h} & h \geqslant 30^\circ \end{cases} \tag{8.32}$$

式中，h 为太阳高度角。

对海拔较高的地区，还应对大气压力进行修正[21]

$$m(Z) = m\frac{B(Z)}{760} \tag{8.33}$$

式中，Z 表示计算地点的海拔高度；$B(Z)$ 表示计算地点的大气压力，mmHg。

大气透明率 P_0 的物理意义是：当大气质量 $m=1(h=90^\circ)$ 或当光线经过大气的路程最短时，该光谱段在地面辐射强度与在大气层上界的辐射强度之比。大气透明率综合反映了大气层厚度、消光系数等对太阳辐射的影响。大体上说，在一个大气质量的条件下，大气透明率可用下列经验值表示：最好的晴天 $P_0=0.85$，较好的晴天 $P_0=0.80$，中等的晴天 $P_0=0.65$，较差的晴天 $P_0=0.532$。

太阳光线经大气层衰减到达地球表面时，与太阳光线垂直的表面上接收的太阳辐照度 E_n 可按下式计算[21]：

$$E_d = E \cdot P_0^m = \xi \cdot E_0 \cdot P_0^m \tag{8.34}$$

于是任意倾斜面上太阳直射辐照度 $E_{d\theta}$ 为[21]

$$E_{d\theta} = E_d \cdot \cos\theta_i = \xi \cdot E_0 \cdot P_0^m \cdot \cos\theta_i \tag{8.35}$$

式中，ξ 表示日地距离修正系数；E_0 表示太阳常数；θ_i 表示太阳入射角；P_0 表示大气透明率；m 表示大气质量。

2. 太阳散射辐射

太阳辐射的散射辐射是指经地球大气及云层的反射和折射作用而改变方向的太阳辐射，是一种中短波漫射，没有方向性。

晴天时，到达地表水平面上的散射辐射量，主要取决于太阳高度角和大气透明率。按照 Berlage 在晴天时观测的天空日射量并在天空是等灰度散射的假设前提下导出水平面上接收的散射辐照度为[21]

$$E_s = \frac{1}{2} E_0 \cdot \sin h \cdot \frac{1 - P_0^m}{1 - 1.4\ln P_0^m} \tag{8.36}$$

对任意倾斜面的散射辐射强度为[21]

$$E_{s\theta} = E_s \cdot F_s = \frac{1}{2} E_0 \cdot \sin h \cdot \frac{1 - P_0^m}{1 - 1.4\ln P_0^m} \cdot \cos^2 \frac{\theta}{2} \tag{8.37}$$

式中，F_s 为倾斜面对天空的角系数。

目标外表面任意倾斜面上，接收到的总太阳辐照度 $E_{T\theta}$ 等于该倾斜面上所接收到的太阳直射辐射与散射辐射的总和。所以，目标外表面所接收的总太阳辐照度可表示为

$$E_{T\theta} = E_{d\theta} + E_{s\theta} \tag{8.38}$$

当天空中有云时，将直接影响透过大气层的太阳辐射强度。这时，常用云遮系数 CCF 来进行修正。对于晴朗的天空 CCF=1；对于阴雨天 CCF=0；而在大多数情况下，CCF 值介于 1 和 0 之间。

8.4.2 天空背景辐射

一般的，天空背景投射到某一表面的辐射功率可表示为[1]

$$E_{sky} = \int_0^{2\pi}\int_0^{\frac{\pi}{2}}\int_0^{\infty} g(\varphi, l)\varepsilon_a(\varphi, l, \lambda) E[T_a(\varphi, l)] \mathrm{d}\lambda \mathrm{d}l \mathrm{d}\varphi \tag{8.39}$$

式中，l 为经度角，$0 \leqslant l \leqslant \pi/2$；$\varphi$ 为纬度角，$0 \leqslant \varphi \leqslant 2\pi$；$\varepsilon_a(\varphi, l, \lambda)$ 为天空背景单色发射率；$T_a(\varphi, l)$ 天空背景温度；$g(\varphi, l)$ 考虑表面方位的一个几何参数。

对于晴朗天空，式(8.39)经过适当的近似简化，可写为[1]

$$E_{sky} = (a + b\sqrt{e})\sigma T_a^4 = \varepsilon_a \sigma T_a^4 \tag{8.40}$$

式中，a 和 b 为由实验确定的常数，它们随地域、季节不同而变化；e 为空气中水蒸气压力；ε_a 为天空背景发射率，$0.7 < \varepsilon_a < 0.98$。

对于多云的天空，式(8.39)可近似写成[1]

$$E_{sky} = (1 - c)\varepsilon_a \sigma T_a^4 + \varepsilon_a(c)\sigma T_{cc}^4 \tag{8.41}$$

式中，$\varepsilon_a(c)$为云层发射率，$\varepsilon_a(c) = \varepsilon_a(1 + nc^2)$；$c$ 为云层厚度等级；n 为经验常数，随云层厚度由薄向厚变化，在 0.2～0.04 范围取值；T_{cc}为云层平均绝对温度。

8.4.3 地表辐射

在白天，波长小于 4μm 时，地表的红外辐射与太阳光和构成地表的物质的反射率有关；超过 4μm 时，地表的红外辐射主要来源于自身的热辐射。地表的热辐射与其温度和发射率有关。大多数地表有高的发射率。

白天地表的温度与可见光吸收率、红外发射率以及空气的热接触、热传导和热容量有关。夜晚地表的冷却速度同热容量、热传导、周围空气热接触、红外发射率以及湿度有关。

任意倾斜面所接收到的地表红外长波辐照度为[21]

$$E_g = \varepsilon_g \cdot \sigma \cdot T_g^4 \cdot F_{w,g} \tag{8.42}$$

式中，ε_g 表示地表的发射率；T_g 表示地表的温度；$F_{w,g}$为目标表面对地表的角系数。

8.4.4 等效背景辐射的测量

军事目标测温时受到太阳辐射、天空背景辐射以及地表辐射等背景辐射的影响，这些辐射可以用前面得到的公式进行计算，但是要进行计算需要测量很多参数，而这些参数难以准确测量，同时，很多公式都是经验公式，在实际应用中准确性不高，所以在实际测量中一般不采用这些公式进行计算。为了减少背景辐射对红外测温的影响，国内外现行的做法一般是在无阳光照射的阴天进行测量或采用遮蔽物减小其影响，但是军事目标处于户外环境中并且是远距离测温，所以这些措施不利于运用。

为准确计算背景辐射，从而修正背景辐射对目标红外测温的影响，将落在被测目标上的总背景辐射等效为一个黑体发出的均匀辐射，通过测量该背景辐射来修正背景辐射对目标温度的影响。

该方法需在已经测得大气透射率的基础上得到，其具体步骤为：

(1) 准备一个温度稳定的大面积黑体热源。

(2) 调节热像仪的发射率，将发射率设置为 1.00。

(3) 将热像仪放置在距待测目标选定测量距离之处。将仪器瞄准目标并调焦。

(4) 此时，将黑体放在热像仪的视场内，放在目标表面前面并与之平行。测量黑体表面的辐射温度，记下此温度值。多次测量，记下平均值。

(5) 用下式计算等效背景辐射：

$$I(T_B) = \frac{I(T_{r1}) - (1-\tau_a)I(T_a) - \tau_a\varepsilon_B I(T_1)}{\tau_a(1-\varepsilon_B)} \tag{8.43}$$

式中，T_1 为黑体温度；ε_B 为黑体表面发射率；T_{r1} 为黑体的辐射温度；T_B 为等效背景辐射温度。

参考文献

[1] 宣益民，韩玉阁. 地面目标与背景的红外特征[M]. 北京：国防工业出版社，2004：7—31.

[2] 从大成. 红外多光谱测温关键技术研究[D]. 哈尔滨：哈尔滨工业大学，2002.

[3] Degui G U, Gillespie A. Autonomous atmospheric compensation(AAC) of high resolution hyperspectral thermal infrared remote-sensing imagery [J]. Transactions on Geoscience and Remote Sensing, 2000, 38(6): 2557—2570.

[4] 陈衡，尹增谦. 设备故障红外诊断中温度测量的距离修正方法[J]. 激光与红外，1998，28(4)：220—223.

[5] Zhang Q, Bruce C K, Alexander F H. The high accuracy atmospheric correction for hyperspectral data(HATCH) model [J]. Transactions on Geoscience and Remote Sensing, 2003, 41(6): 1223—1231.

[6] Carrano C J. Mitigating atmospheric effects in high-resolution infra red surveillance imagery with bispectral speckle imaging [C]. SPIE, 2006, 6316: 1—12.

[7] Michael K G, Burke H K, John P K. Understanding radiative transfer in the midwave infrared, a precursor to full spectrum atmospheric compensation [C]. SPIE, 2004, 5425: 348—356.

[8] Richards A, Johnson G. Atmospheric effects on infrared imaging systems [C]. SPIE, 2005, 5987: 1—14.

[9] Richards A, Johnson G. Radiometric calibration of infrared cameras accounting for atmospheric path effects [C]. SPIE, 2005, 5782: 19—28.

[10] Goetz A H, Boardman J, Kindel B, et al. Atmospheric corrections: On deriving surface reflectance from hyperspectral imagers [C]. SPIE, 1997, 3118: 14—22.

[11] Krapels K, Ronald G D, Richard H V, et al. Atmospheric effects in infrared target acquisition modeling [C]. SPIE, 2001, 4372: 182—193.

[12] 韩涛，朱学光. 一种计算大气透过率的方法[J]. 红外技术，2002，24(6)：51—53.

[13] 吴晓迪，黄超超，同武勤. 红外成像实时仿真中大气透射率的计算与分析[J]. 红外，2006，27(10)：24—28.

[14] 彭俊毅，易凡，黄启俊．锑化铟红外热像仪测温的大气修正计算[J]．激光与红外，2007，29(5)：297—301.

[15] 魏合理，宋正方．红外辐射大气透射率的计算[J]．红外与毫米波学报，1995，14(2)：159，160.

[16] 张才根．常温物体表面真实温度的亮度法测量[J]．物理学报，1982，31(9)：1191—1197.

[17] 张才根，张幼文．环境辐射对目标热物理特性测试的影响[J]．物理学报，1981，30(7)：953—961.

[18] Jacobs P A．地面目标和背景的热红外特性[M]．北京：国防工业出版社，2004：33，34.

[19] 何志彪，易新建．非制冷微测辐射热计红外测温系统及实现[J]．华中理工大学学报，1997，27(8)：101，102.

[20] 周国辉，刘湘伟，徐记伟．一种计算红外辐射大气透过率的数学模型[J]．红外技术，2008，20(6)：331—334.

[21] 陈翾．观通站动态红外特征模拟与隐身技术研究[D]．武汉：海军工程大学，2006.

第 9 章　海面温度的红外热成像测温技术

地球表面 70.8%的面积为海洋所覆盖，由于海水的热容量大，海洋就像一个巨大的能量库，海面温度的细微变化都会对气候环境产生巨大影响。因此，海面温度常作为研究水团性质、鉴别洋流的基本指标，对渔业、航海、气象和水声等学科也有重要价值。从军事应用的角度来看，舰艇驶过海面后，会破坏原有海面的温度分布状况，在艇后形成一条明显的热尾流，利用尾流温度分布的特征，可以探测出舰艇航向、艇型和航速等参数。可见海面温度的测量具有重要的科学意义和军事应用价值。测温的方法有很多种，其中红外测温具有非接触性、不干扰被测表面温度场、测量范围广、反应灵敏等优点，在测温领域得到了广泛应用。在海面温度的测量方面，采用基于红外遥感卫星数据的单通道、双通道和多通道反演算法[1~3]已经较为成熟，测温精度可以达到 0.2K。然而由于遥感卫星测温为大面积测温且实时性低，在对局部海域实时测温时往往需采用机载或舰载红外热像仪进行测量。这一方面，许多学者都做了一定的研究[4,5]，但采用的辅助手段并不适合实际海面温度的测量，导致实用性不高。本章主要介绍海面温度红外测量的方法，采用双波段反演算法，在考虑海面对天空背景和太阳辐射反射的基础上，通过改变直射辐射的影响，给出了一种较为实用的方法，可应用于海面温度的实时测量。

9.1　海面反射率与发射率计算

海面反射率与发射率的计算对红外测温计算至关重要。就目前的研究情况来说，海面的发射率计算模型可分为三类，即漫射灰体模型、经验公式模型以及粗糙海面模型。在漫射灰体模型中，顾名思义将海面近似为一漫射灰体表面，即海面发射率不受波长和方向的影响，为一常量(通常取为 0.98)。采用此模型可以大为简化计算，但发射率的计算值与实际测量值存在较大的误差，会对测温计算精度带来一定的影响。经验公式模型是对一定海况下海面发射率的实测数据进行拟合而得出的发射率与观测方向间的一个经验关联公式。公式反映了海面发射率的方向特性，但忽略了波长、风速以及风向等因素对发射率的影响。而且，由于在小仰角方向海面的辐射特性易受外界各种因素干扰，导致经验公式在计算小仰角海面发射率时存在较大误差。粗糙海面模型采用的方法是，首先，将海面划分成许多个方向各异的小波面，并将每个小波面近似为平面的前提下，利用 Fresnel 定律计算小波面光谱方向反射率，进一步得出波面的光谱方向发射率；然后，根据实际测量统计出波面坡度的概率密度分布函数，确定一个小波面对某一方向的光谱辐射贡献；最后，对每个小波面对该方向的光谱辐射贡献进行积分，最终计算出整个粗糙海面的光谱方向发射率。和前两种模型相比，利用粗糙海面模型计算海面发射率时，考虑了海水光学特性、环境风速以及海浪间相互遮挡等因素，在三种模型中，它与实际情况最为符合。

1954 年，Cox 和 Munk[6,7]通过对大量海面太阳光反射耀斑的航拍图片进行分析，统计出海水波面斜率的概率密度分布函数，并将该分布函数中标准方差参量定义为海面风速的函数，从而建立出粗糙海面模型。以后的研究人员都称该模型为 Cox-Munk 粗糙海面模型。20 世纪 60 年代，Beckmann[8] 和 Brockelman 等[9]开始对海浪的遮挡效应展开研究，在计算海面反射特性时，通过实测数据给出了考虑海浪遮挡因素后的一些修正系数。1967 年，Saunders[10]在前人的研究基础之上提出了一种新的海浪遮挡系数的表达式，他将遮挡系数表示成观测角度以及海面风速的函数。1968 年，Saunders[11]在自己提出的海浪遮挡系数以及前人建立的海面模型的基础之上，提出了一个比较完备的粗糙海面 800～1200cm^{-1}波段的反射率计算模型。1973 年，Hale 等[12]对纯水在 200nm 到 200μm 波段内的光学常数进行了测量。1977 年 Pinkley 等[13]研究了温度对纯水光学常数的影响。Friedman [14]通过引入修正参数的方法分析了海水中的盐分浓度对复折射率以及吸收系数的影响。1981 年，日本学者 Takashima 等[15]利用 Saunders 建立的海面反射率计算模型对红外波段粗糙海面的发射率进行了计算。1988 年，Masuda 等[16]在 Cox-Munk 粗糙海面模型的基础之上，并对 10μm 附近海水参数进行了修正的前提下，对海水以及纯水的红外波段的发射率进行了重新计算。1997 年，Wu 和 Smith[17]在总结了文献[16]的基础之上，考虑了波浪的二次反射对海面发射率的影响，从而建立了更为完善的海面发射率计算模型。2001 年，Bourlier 等在考虑海浪遮挡效应的前提下，利用二维高斯粗糙海面模型对海面发射率以及反射率进行了计算，并建立了与海面风速、波段、极化作用、海面真实温度以及大气衰减等因素相关的海面表观温度的计算模型[18]。2002 年，Yoshimori 等以红外热像仪实测数据为基础，提出了一种海面温度以及发射率的一种新的获取方法[19]。2003 年，Henderson 等[20]采用 Monte-Carlo 射线追踪的方法对风成粗糙海面的热红外波段的发射率进行了计算。同年，Niclòs 等[21]对不同观测角度下的海面发射率进行了实际测量并将测量结果与理论计算结果进行了比较。

为了尽量减小将海面近似为等温漫射灰体对测温计算带来的误差，本文首先以 Cox-Munk 粗糙海面模型计算波浪海面的光谱双向反射分布函数；然后，对光谱双向反射分布函数中入射方向、反射方向以及波长进行积分得出海面的半球平均反射率；最终，根据辐射与反射的关系计算出海面的半球平均发射率，并以之作为海面的发射率。

当海面风速较小时（小于 15m/s），海面的波主要由重力波和毛细波组成。重力波的波长较长，波长范围从数米到数百米，而毛细波的波长则较短，为几毫米到几厘米。所以，我们可以认为海面是在波形很长的重力波上叠加很小的毛细波小面而成，而每个毛细波小面由于足够小都可以近似为平面，可以利用 Fresnel 定律计算其反射率。我们先将海面划分成许多个足够小的波面，光线在大气与小波面的交界处的反射满足 Fresnel 定律。光谱方向反射率表示为

$$\rho_\lambda(\tilde{n},\chi) = \frac{1}{2}\left(\left| \frac{\tilde{n}\cos\chi - \cos\chi'}{\tilde{n}\cos\chi + \cos\chi'} \right|^2 + \left| \frac{\cos\chi - \tilde{n}\cos\chi'}{\cos\chi + \tilde{n}\cos\chi'} \right|^2 \right) \tag{9.1}$$

式中，$\tilde{n}(\lambda)=n(\lambda)-\mathrm{i}\cdot k(\lambda)$表示海水的复折射指数，与入射光线的波长 λ 相关；χ、χ'分别表示光线入射角与折射角。

根据 Snell 定律，入射角与折射角满足

$$\sin\chi' = (1/\tilde{n})\sin\chi \tag{9.2}$$

根据 Kirchhoff 定律

$$\varepsilon_\lambda(\tilde{n},\chi) = \alpha_\lambda(\tilde{n},\chi) = 1 - \rho_\lambda(\tilde{n},\chi) \tag{9.3}$$

由此可知，海水的复折射率 $\tilde{n}(\lambda)$对确定小波面的光谱方向发射率 $\varepsilon_\lambda(\tilde{n},\chi)$至关重要。一般来说，可以根据对纯水的复折射率 $\tilde{n}_w(\lambda)=n_w(\lambda)-\mathrm{i}\cdot k_w(\lambda)$进行修正来得出海水的复折射率 $\tilde{n}(\lambda)$，修正式为[22]

$$n(\lambda) = n_w(\lambda) + \Delta n(\lambda) \tag{9.4}$$

$$k(\lambda) = k_w(\lambda) + \Delta k(\lambda) \tag{9.5}$$

式中，$\Delta n(\lambda)$、$\Delta k(\lambda)$表示由于盐度的影响对海水复折射率的实部与虚部的修正值，与波长 λ 相关。海水与纯水的复折射率的实部与虚部随波长的变化情况[13]，如图 9.1 与图 9.2 所示。

从图中可以看出，在 1～9μm 波段，海水与纯水的复折射率的实部与虚部基本相同；在 9～15μm 波段，海水与纯水的复折射率的实部与虚部存在微小差异。总的来说，因为纯水的复折射率测量数据较为全面，在缺少海水盐度修正数据时，可以用纯水的复折射率近似代替海水的复折射率。

在粗糙海面模型中，可以利用小波面的坡度概率密度分布函数来描述海面的波浪起伏特征。在 Cox-Munk 粗糙海面模型中，小波面坡度的概率密度分布函数为

$$P(z_x,z_y) = \frac{1}{2\pi\sigma^2}\exp\left(-\frac{z_x^2+z_y^2}{2\sigma^2}\right) \tag{9.6}$$

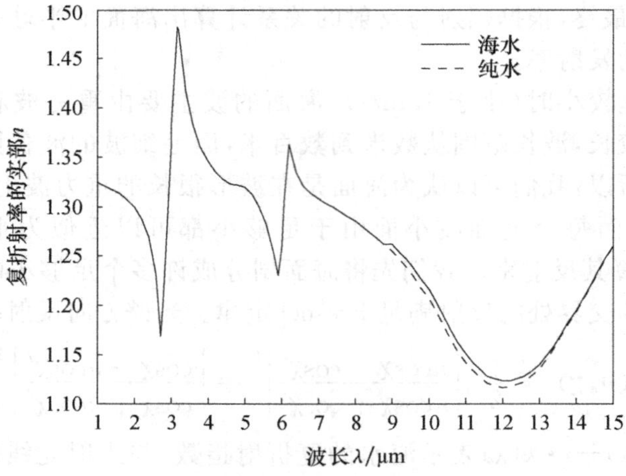

图 9.1　纯水与海水的复折射率的实部

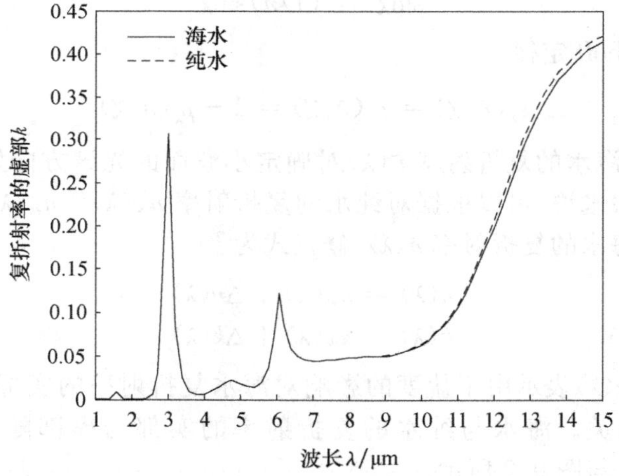

图 9.2　纯水与海水的复折射率的虚部

式中，$2\sigma^2=0.003+0.00512v\pm0.004$；$z_x$，$z_y$ 表示小波面在 x 轴与 y 轴方向的坡度。

根据文献[23]中的推导，粗糙海面的双向反射分布函数表示为

$$\mathrm{BRDF}_{\mathrm{sea},\lambda}(\theta_\mathrm{i},\phi_\mathrm{i},\theta_\mathrm{e},\phi_\mathrm{e})=\frac{\sec^3\theta_\mathrm{m}\rho_\lambda(\tilde{n},\chi)}{8\pi\sigma^2\cos\chi}\exp\left(\frac{1-\sec^2\theta_\mathrm{m}}{2\sigma^2}\right)\quad \cos\chi>0 \tag{9.7}$$

式中，θ_i、ϕ_i、θ_e、ϕ_e 分别表示入射和反射方向的天顶角与方位角；θ_m、ϕ_m 表示小波

面法线方向的天顶角与方位角；χ 表示入射角。小波面的反射示意图如图 9.3 所示，各角度间的相互关系是

$$\sec\theta_{\mathrm{m}} = \frac{\sqrt{2 + 2\sin\theta_{\mathrm{i}}\sin\theta_{\mathrm{e}}\cos(\phi_{\mathrm{i}} - \phi_{\mathrm{e}}) + 2\cos\theta_{\mathrm{i}}\cos\theta_{\mathrm{e}}}}{\cos\theta_{\mathrm{e}} + \cos\theta_{\mathrm{i}}} \tag{9.8}$$

$$\cos\chi = \sqrt{\frac{1 + \sin\theta_{\mathrm{i}}\sin\theta_{\mathrm{e}}\cos(\phi_{\mathrm{i}} - \phi_{\mathrm{e}}) + \cos\theta_{\mathrm{i}}\cos\theta_{\mathrm{e}}}{2}} \tag{9.9}$$

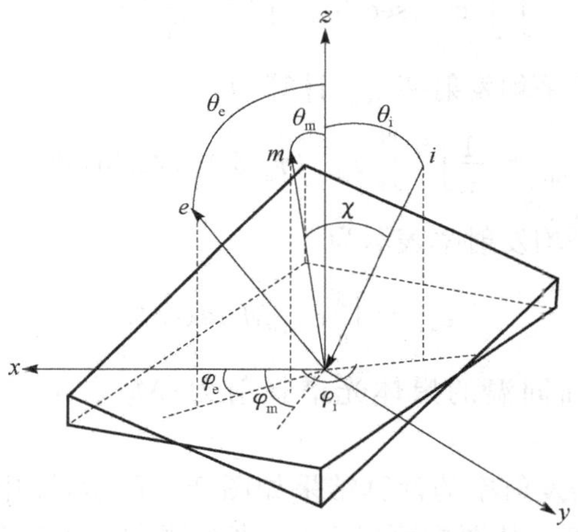

图 9.3　小波面反射示意图

不考虑海面小面元间的相互遮挡时，海面的光谱定向-半球反射率 $\rho'_{\mathrm{sea},\lambda}(\theta_{\mathrm{i}}, \phi_{\mathrm{i}}, 2\pi)$ 与光谱半球平均反射率 $\rho'_{\mathrm{sea},\lambda}$ 分别表示为[24]

$$\rho'_{\mathrm{sea},\lambda}(\theta_{\mathrm{i}}, \phi_{\mathrm{i}}, 2\pi) = \int_0^{2\pi}\int_0^{\pi/2} \mathrm{BRDF}_{\mathrm{sea},\lambda}(\theta_{\mathrm{i}}, \phi_{\mathrm{i}}, \theta_{\mathrm{e}}, \phi_{\mathrm{e}}) \sin\theta_{\mathrm{e}}\cos\theta_{\mathrm{e}}\,\mathrm{d}\theta_{\mathrm{e}}\,\mathrm{d}\phi_{\mathrm{e}} \tag{9.10}$$

$$\rho'_{\mathrm{sea},\lambda} = \frac{1}{\pi}\int_0^{2\pi}\int_0^{\pi/2} \rho'_{\mathrm{sea},\lambda}(\theta_{\mathrm{i}}, \phi_{\mathrm{i}}, 2\pi) \sin\theta_{\mathrm{i}}\cos\theta_{\mathrm{i}}\,\mathrm{d}\theta_{\mathrm{i}}\,\mathrm{d}\phi_{\mathrm{i}} \tag{9.11}$$

海面的定向光谱发射率 $\varepsilon'_{\mathrm{sea},\lambda}(\phi_{\mathrm{e}}, \theta_{\mathrm{e}})$ 表示为

$$\varepsilon'_{\mathrm{sea},\lambda}(\phi_{\mathrm{e}}, \theta_{\mathrm{e}}) = 1 - \int_0^{2\pi}\int_0^{\pi/2} \mathrm{BRDF}_{\mathrm{sea},\lambda}(\theta_{\mathrm{i}}, \phi_{\mathrm{i}}, \theta_{\mathrm{e}}, \phi_{\mathrm{e}}) \sin\theta_{\mathrm{i}}\cos\theta_{\mathrm{i}}\,\mathrm{d}\theta_i\,\mathrm{d}\phi_{\mathrm{i}} \tag{9.12}$$

考虑到海面小波面间的遮挡，计算海面反射与辐射特性时，需对式(9.10)～式(9.12)进行修正。修正后的海面光谱定向半球反射率 $\rho_{\mathrm{sea},\lambda}(\theta_{\mathrm{i}}, \phi_{\mathrm{i}}, 2\pi)$、光谱半球平均反射率 $\rho_{\mathrm{sea},\lambda}$ 以及定向光谱发射率 $\varepsilon_{\mathrm{sea},\lambda}(\phi_{\mathrm{e}}, \theta_{\mathrm{e}})$ 表示为

$$\rho_{\mathrm{sea},\lambda}(\theta_{\mathrm{i}}, \phi_{\mathrm{i}}, 2\pi) = S(\theta_{\mathrm{i}})\int_0^{2\pi}\int_0^{\pi/2} S(\theta_{\mathrm{e}})\mathrm{BRDF}_{\mathrm{sea},\lambda}(\theta_{\mathrm{i}}, \phi_{\mathrm{i}}, \theta_{\mathrm{e}}, \phi_{\mathrm{e}}) \sin\theta_{\mathrm{e}}\cos\theta_{\mathrm{e}}\,\mathrm{d}\theta_{\mathrm{e}}\,\mathrm{d}\phi_{\mathrm{e}} \tag{9.13}$$

$$\rho_{\mathrm{sea},\lambda} = \frac{1}{\pi}\int_0^{2\pi}\int_0^{\pi/2} \rho_{\mathrm{sea},\lambda}(\theta_\mathrm{i},\phi_\mathrm{i},2\pi)\sin\theta_\mathrm{i}\cos\theta_\mathrm{i}\mathrm{d}\theta_\mathrm{i}\mathrm{d}\phi_\mathrm{i} \tag{9.14}$$

$$\varepsilon_{\mathrm{sea},\lambda}(\phi_\mathrm{e},\theta_\mathrm{e}) = 1 - S(\theta_\mathrm{e})\int_0^{2\pi}\int_0^{\pi/2} S(\theta_\mathrm{i})\mathrm{BRDF}_{\mathrm{sea},\lambda}(\theta_\mathrm{i},\phi_\mathrm{i},\theta_\mathrm{e},\phi_\mathrm{e})\sin\theta_\mathrm{i}\cos\theta_\mathrm{i}\mathrm{d}\theta_\mathrm{i}\mathrm{d}\phi_\mathrm{i} \tag{9.15}$$

式中，$S(\theta)$为修正因子，表示为[25]

$$S(\theta) = \frac{\pi\sigma^2\cos\theta}{\int_0^1\int_0^\pi \cos\chi\sec^{-4}\theta_\mathrm{m}\exp\left(\frac{1-\sec^2\theta_\mathrm{m}}{2\sigma^2}\right)\mathrm{d}\phi_\mathrm{m}\mathrm{d}\cos\theta_\mathrm{m}} \tag{9.16}$$

海面的光谱半球平均发射率 $\varepsilon_{\mathrm{sea},\lambda}$ 计算为

$$\varepsilon_{\mathrm{sea},\lambda} = \frac{1}{\pi}\int_0^{\pi/2}\int_0^{2\pi} \varepsilon_{\mathrm{sea},\lambda}(\phi_\mathrm{e},\theta_\mathrm{e})\cos\theta_\mathrm{e}\sin\theta_\mathrm{e}\mathrm{d}\theta_\mathrm{e}\mathrm{d}\phi_\mathrm{e} \tag{9.17}$$

而海面的半球平均发射率表示为

$$\varepsilon_{\mathrm{sea}} = \int_0^\infty \varepsilon_{\mathrm{esa},\lambda} M_{\mathrm{b}\lambda}\mathrm{d}\lambda / M_\mathrm{b} \tag{9.18}$$

式中，$M_{\mathrm{b}\lambda}$表示与海面同温的黑体光谱辐射力；M_b 表示与海面同温的黑体辐射力。

海面的定向光谱发射率的计算结果如图 9.4 所示，图中观测方向就是辐射的反射方向，即 $\theta_\mathrm{v}=\theta_\mathrm{e}$。从图中可以看出，当观测方向天顶角 $0°\leqslant\theta_\mathrm{v}\leqslant 50°$时，海面的发射率基本不随角度变化；当 $50°<\theta_\mathrm{v}\leqslant 70°$时，海面的发射率开始随角度缓慢减小；当$70°<\theta_\mathrm{v}\leqslant 90°$时，海面的发射率加速减小。海面的定向光谱发射率与风速相关，特别是当 $\theta_\mathrm{v}>70°$时，风速对海面发射率的影响更为明显。当 $\theta_\mathrm{v}>70°$

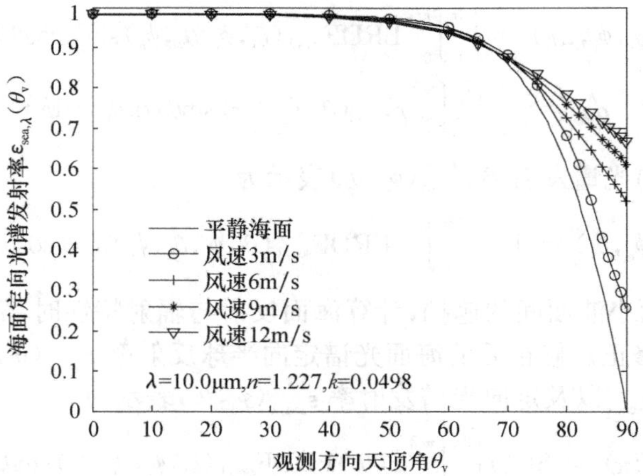

图 9.4　不同风速下的海面定向发射率

时，在同一角度下观测海面，海面的风速越大，海面的波浪起伏就越明显，海面发射率也就越大。图 9.5 表示出了不同方向上海面光谱定向-半球反射率的变化情况。在同一波长处，海面的反射率与入射方向天顶角 θ_i 成正比。在不同的 θ_i 下，海面的反射率随波长无规律上下波动，且 θ_i 越大，波动的幅度越剧烈。

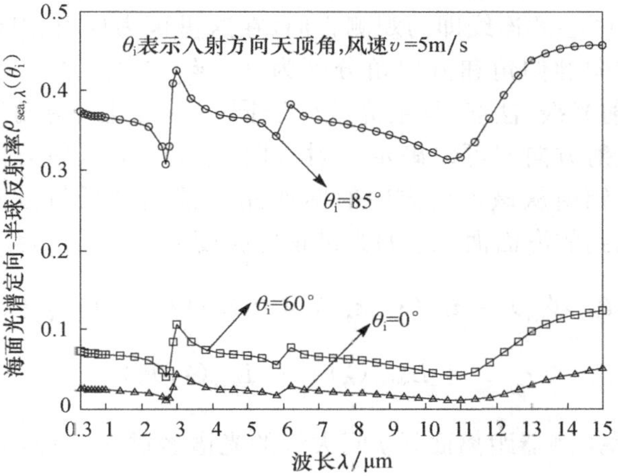

图 9.5　不同入射角下的海面光谱反射率

9.2　海面辐射分析

对海面热成像时，红外热像仪接收到的主要是来自海面的辐射能量，并将其最终转化为温度信号。在红外波段内，海面背景的辐射除了表层海水的自身辐射外还包括其对天空以及太阳辐射的反射。在一定距离外观测海面时，热像仪接收到的海面的辐射能量还应包括大气路程辐射。所以海面辐射与海面的几何形态、观测方向、观测距离、海水表层的温度、海面的发射率，波段、大气温度、太阳方位等因素密切相关。

影响海水表层温度的因素非常多，它不仅与太阳辐射、大气环流等外界因素相关，还受海水自身的水平及铅直运动、层化结构、密度、盐度等内部因素的影响。关于海水表层温度短期预报的数值模拟理论上可以以气象强迫场为上边界条件，利用流体力学的知识求解包含温度、压力、速度、密度等因变量的控制微分方程组来得出，但求解的过程非常复杂，计算量十分巨大。由于大约四分之三的地球表面被海水覆盖，它的质量十分巨大，与大气相比热容量也很高，而且温度不同的海水不间断地浸合，导致短期内即使太阳持续照射，海水表面的温度也没有大气温度变化显著。海水表层温度的昼夜变化还与地理纬度有关，热带海水表层温度的昼夜变化为 0.5～1℃，温带约为 0.4℃，寒带约为 0.1℃[26]。所以，本文在计算海面辐射时，认为海面温度 T_{sea} 分布均匀且不随时间变化。

在海面几何建模时，将一区域海面划分成多个小面元，分别计算出每一面元的辐射亮度即可得出这一区域的海面辐射分布。这里假定海面面元划分足够精细，每个面元可被视为平面，反射为镜面反射。确定热像仪的空间坐标，该点与任意海面面元 j 中心的连线即为观测方向(在这里也为反射方向)。面元 j 的法线方向与观测方向的仰角和方位角分别为 $\theta_{\text{n},j}$，$\phi_{\text{n},j}$ 与 $\theta_{\text{r},j}$，$\phi_{\text{r},j}$(图 9.6)。根据镜面反射定律(入射光线、法线、反射光线位于同一平面且入射角等于反射角)，已知法线方向和反射方向即可以确定入射方向($\theta_{\text{i},j}$，$\phi_{\text{i},j}$ 为入射方向的仰角与方位角)。也就是说，辐射从该入射方向射向面元 j，能量的反射方向刚好为探测方向。热像仪观测到的海面面元 j 的光谱辐射亮度 $L_{\text{sea},j}(\lambda,\theta_{\text{n},j},\phi_{\text{n},j},\theta_{\text{r},j},\phi_{\text{r},j})$ 为

$$L_{\text{sea},j}(\lambda,\theta_{\text{n},j},\phi_{\text{n},j},\theta_{\text{r},j},\phi_{\text{r},j}) = \tau_{\text{a},j}(\lambda)\Big\{\varepsilon_j(\lambda,\tilde{n},\chi_j)L_{\text{b}}(\lambda,T_{\text{sea}}) + \rho_j(\lambda,\tilde{n},\chi_j)[L_{\text{sun},j}(\lambda) + L_{\text{sky},j}(\lambda)]\Big\} + L_{\text{a},j}(\lambda,T_{\text{a}}) \tag{9.19}$$

式中，$\tau_{\text{a},j}(\lambda)$ 表示探测器距离面元 j 间大气的光谱透过率；$\varepsilon_j(\lambda,\tilde{n},\chi_j)$ 表示海面面元 j 的光谱发射率；$\tilde{n}$ 表示海水的复折射指数，与波长相关；χ_j 表示入射角；$L_b(\lambda,T_{\text{sea}})$ 表示温度为 T_{sea} 的黑体光谱辐射亮度；$\rho_j(\lambda,\tilde{n},\chi_j)$ 表示光谱反射率；$L_{\text{sun},j}(\lambda)$ 表示太阳的光谱辐射亮度；$L_{\text{sky},j}(\lambda)$ 表示天空的光谱辐射亮度；$L_{\text{a},j}(\lambda,T_{\text{a}})$ 表示大气路程辐射亮度。

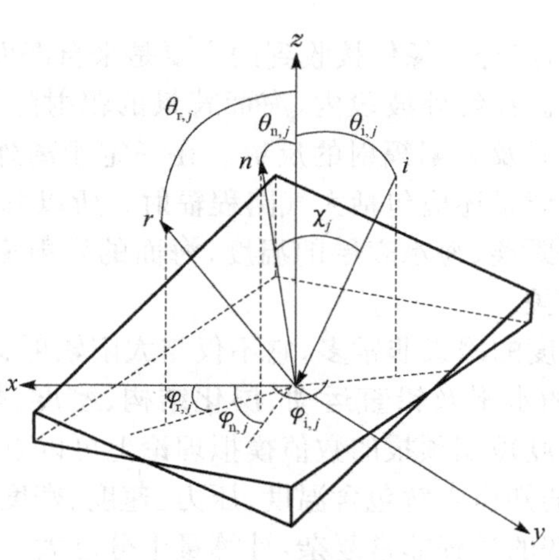

图 9.6 面元 j 辐射方位图

面元 j 的光谱反射率表示为

$$\rho_j(\lambda,\tilde{n},\chi_j)=\frac{1}{2}\left(\left|\frac{\tilde{n}\cos\chi_j-\cos\chi'_j}{\tilde{n}\cos\chi_j+\cos\chi'_j}\right|^2+\left|\frac{\cos\chi_j-\tilde{n}\cos\chi'_j}{\cos\chi_j+\tilde{n}\cos\chi'_j}\right|^2\right) \tag{9.20}$$

$$\cos\chi_j=\sin\theta_{\mathrm{i},j}\sin\theta_{\mathrm{n},j}+\cos\theta_{\mathrm{i},j}\cos\theta_{\mathrm{n},j}\cos(\varphi_{\mathrm{i},j}-\varphi_{\mathrm{n},j}) \tag{9.21}$$

式中，χ'_j表示光线折射角。而

$$\sin\chi'_j=\frac{\sin\chi_j}{\tilde{n}} \tag{9.22}$$

面元 j 的光谱发射率为

$$\varepsilon_j(\lambda,\tilde{n},\chi_j)=1-\rho_j(\lambda,\tilde{n},\chi_j) \tag{9.23}$$

由普朗克定律，$L_{\mathrm{b}}(\lambda,T_{\mathrm{sea}})$计算为

$$L_{\mathrm{b}}(\lambda,T_{\mathrm{sea}})=\frac{1}{\pi}\frac{C_1\lambda^{-5}}{\exp[C_2/(\lambda T_{\mathrm{sea}})]-1} \tag{9.24}$$

因为只有特定方向的入射辐射经面元 j 反射后，其反射能量才能被探测器接收到，所以太阳的光谱辐射亮度 $L_{\mathrm{sun},j}(\lambda)$计算为

$$L_{\mathrm{sun},j}(\lambda)=\delta(\theta_{\mathrm{sun}},\phi_{\mathrm{sun}})L_{\mathrm{b}}(\lambda,T_{\mathrm{sun}})\tau_{\mathrm{a}}(\lambda) \tag{9.25}$$

$$\delta(\theta_{\mathrm{sun}},\phi_{\mathrm{sun}})=\begin{cases}1 & \theta_{\mathrm{sun}}=\theta_{\mathrm{i},j}\ \text{且}\ \phi_{\mathrm{sun}}=\phi_{\mathrm{i},j}\\ 0 & \theta_{\mathrm{sun}}\neq\theta_{\mathrm{i},j}\ \text{或}\ \phi_{\mathrm{sun}}\neq\phi_{\mathrm{i},j}\end{cases} \tag{9.26}$$

式中，θ_{sun}、ϕ_{sun}表示太阳直射方向仰角与方位角；$\tau_{\mathrm{A}}(\lambda)$表示整层大气的光谱透过率。

由于只有$(\theta_{\mathrm{i},j},\phi_{\mathrm{i},j})$方向的天空辐射经面元 j 反射后才能被探测器接收，所以天空的光谱辐射亮度为

$$L_{\mathrm{sky},j}(\lambda)=L_{\mathrm{sky}}(\lambda,\theta_{\mathrm{i},j},\phi_{\mathrm{i},j}) \tag{9.27}$$

大气路程辐射亮度为

$$L_{\mathrm{a},j}(\lambda,T_{\mathrm{a}})=[1-\tau_{\mathrm{a},j}(\lambda)]L_{\mathrm{b}}(\lambda,T_{\mathrm{a}}) \tag{9.28}$$

式中，T_{a} 表示大气温度。

海面面元 j 的波段辐射亮度 $L_{\mathrm{sea},j}^{\lambda_1\sim\lambda_2}(\theta_{\mathrm{n},j},\phi_{\mathrm{n},j},\theta_{\mathrm{r},j},\phi_{\mathrm{r},j})$为

$$L_{\mathrm{sea},j}^{\lambda_1\sim\lambda_2}(\theta_{\mathrm{n},j},\phi_{\mathrm{n},j},\theta_{\mathrm{r},j},\phi_{\mathrm{r},j})=\int_{\lambda_1}^{\lambda_2}L_{\mathrm{sea},j}(\lambda,\theta_{\mathrm{n},j},\phi_{\mathrm{n},j},\theta_{\mathrm{r},j},\phi_{\mathrm{r},j})\mathrm{d}\lambda \tag{9.29}$$

由式(9.29)可知，即使探测角度固定，不同海面面元的辐射亮度也会因法线的方向各异而产生差异，所以海面的红外图像往往具有明显的明暗纹理特征。这种图像灰度差异不是由海面的温度差异造成的，而是由海面面元的朝向不同而产生的。

9.3 海面温度测量原理

在舰船上或飞机上利用红外热像仪测量海面温度时，根据热像仪的测温原理及海面红外辐射规律，热像仪实际接收到的能量主要分为三个部分(图 9.7)：①海面自身红外辐射；②海面对太阳辐射和天空背景辐射的反射辐射；③大气路径辐射。参考文献[27]的结果，对海面测温时实际热像仪的测温方程可表示为

$$I(T_r) = \tau_a[\varepsilon(T_0,\theta_r,\varphi_r)I(T_0) + \rho(T_0,\theta_r,\varphi_r,2\pi)I(T_B) + \rho'(T_0,\theta_r,\varphi_r,\theta_i,\varphi_i)I(T_s)] + (1-\tau_a)I(T_a) \tag{9.30}$$

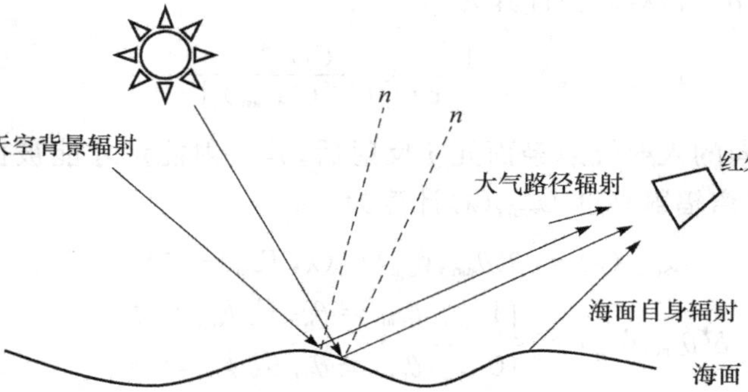

图 9.7 海面红外辐射过程模拟图

式中，$I(T)$为辐射亮度 $L_{b\lambda}(T)$在热像仪成像波段上的积分；τ_a 为热像仪与海面之间大气的路径透射率；$\varepsilon(T_0,\theta_r,\varphi_r)$、$\rho(T_0,\theta_r,\varphi_r,2\pi)$、$\rho'(T_0,\theta_r,\varphi_r,\theta_i,\varphi_i)$分别表示测量波段内海面的定向发射率、半球-定向反射率与双向反射率；$I(T_0)$、$I(T_B)$、$I(T_s)$、$I(T_a)$分别表示海面自身辐射、天空背景辐射、太阳辐射和大气路径辐射。

根据式(9.30)可以得到热像仪计算海面真实温度的公式

$$I(T_0) = \frac{1}{\tau_a\varepsilon(T_0,\theta_r,\varphi_r)}I(T_r) - \frac{\rho(T_0,\theta_r,\varphi_r,2\pi)}{\varepsilon(T_0,\theta_r,\varphi_r)}I(T_B) - \frac{\rho'(T_0,\theta_r,\varphi_r,\theta_i,\varphi_i)}{\varepsilon(T_0,\theta_r,\varphi_r)}I(T_s) - \frac{1-\tau_a}{\tau_a\varepsilon(T_0,\theta_r,\varphi_r)}I(T_a) \tag{9.31}$$

为书写方便，将式(9.31)简写为

$$I(T_0) = \frac{1}{\tau_a\varepsilon}I(T_r) - \frac{\rho}{\varepsilon}I(T_B) - \frac{\rho'}{\varepsilon}I(T_s) - \frac{1-\tau_a}{\tau_a\varepsilon}I(T_a) \tag{9.32}$$

由式(9.32)可以发现，在实际温度的反演过程中，涉及 $I(T_r)$、$I(T_B)$、

$I(T_s)$、$I(T_a)$、ε、ρ'、ρ、τ_a 共 8 个参数。其中 $I(T_r)$ 为已知，$I(T_B)$、$I(T_s)$、$I(T_a)$ 可通过红外辐射计测量得到，方程中含有 4 未知数，该方程是无法直接求解的。

9.3.1　垂直海面方向温度测量

当不考虑太阳影响时，方程(9.32)变为

$$I(T_0) = \frac{1}{\varepsilon\tau_a}I(T_r) - \frac{\rho}{\varepsilon}I(T_B) - \frac{1-\tau_a}{\varepsilon\tau_a}I(T_a) \tag{9.33}$$

在离海面较远距离测量时，大气透射率会对测温准确性产生较大影响，方程(9.33)中 τ_a 不为 1，不能忽略它的影响，式中海面反射率 $\rho=1-\varepsilon$，由 $I(T)$ 与 T 的关系，式(9.33)变为

$$T_0^n = \frac{1}{\varepsilon\tau_a}T_r^n - \frac{1-\varepsilon}{\varepsilon}T_B^n - \frac{1-\tau_a}{\varepsilon\tau_a}T_a^n \tag{9.34}$$

由图 9.4 可知，在接近垂直方向测量海面温度时，海面发射率较高，约 0.98 以上，知道观测角方向天顶角就可较为准确地给出海面的发射率，利用红外热像仪测可测出背景等效温度 T_B 和海面的有效辐射温度 T_r。对单通道热像仪，式(9.34)中大气透射率 τ_a 和海面真实温度 T_0 未知，由一个方程无法解出两个未知数。通常可由大气辐射传输模式(LOWTRAN，MODTRAN 等)计算出大气透射率 τ_a 和大气热辐射 $I(T_a)$[28]，由式(9.34)可算出海面的真实温度。

当红外热像仪采用近距离测温时，可视 $\tau_a=1$，式(9.33)变为

$$I(T_0) = \frac{1}{\varepsilon}I(T_r) - \frac{1-\varepsilon}{\varepsilon}I(T_B) \tag{9.35}$$

由 $I(T)$ 与 T 的关系可得

$$T_0^n = \frac{1}{\varepsilon}T_r^n - \frac{1-\varepsilon}{\varepsilon}T_B^n \tag{9.36}$$

在接近垂直方向测量海面温度时，海面辐射率较高，约 0.98 以上，利用红外热像仪测出背景等效温度 T_B 和海面的有效辐射温度 T_r，就可由式(9.36)计算出海面的真实温度。这时测出的海面温度结果较为准确。在实际测量中为了进一步提高测温的精度，可利用恒温水浴和标准温度计对热像仪测量的水体辐射温度进行标定。

9.3.2　观测方向天顶角较大时海面温度测量

当测量方向与海面法线方向偏离较远时，观测方向天顶角变大，海面的辐射率变低；海面发射率还会随海水中泥沙含量、海浪状况变化等而有所变化[18]，这时背景辐射的影响变大，测量误差增大。由于在与海面成一定角度的温度测量

时，海面的辐射率和背景辐射都不易估计或测量准确，就需要同时对海面温度和海面辐射率或背景辐射进行测量。

1. 同时反演海面温度和海面辐射率的测量方法

当利用红外热像仪较为准确测出海面背景辐射或背景等效温度时，可利用双波段方法同时反演出海面温度和海面辐射率。背景等效温度 T_B 可利用反射温度测量方法获得。由式(9.36)可知，红外热像仪两个波段的温度关系为

$$T_0^{n_1} = \frac{1}{\varepsilon_1} T_{r1}^{n_1} - \frac{1-\varepsilon_1}{\varepsilon_1} T_B^{n_1} \tag{9.37}$$

$$T_0^{n_2} = \frac{1}{\varepsilon_2} T_{r2}^{n_2} - \frac{1-\varepsilon_2}{\varepsilon_2} T_B^{n_2} \tag{9.38}$$

式中，T_0 为海面温度；T_{r1} 和 T_{r2} 为热像仪两个波段测量得到的辐射温度；T_B 为测量获得的海面等效背景温度；ε_1 和 ε_2 分别为两个波段海面的发射率。

由式(6.21)可知，在有限的窄波段内，发射率函数的形式必定表现为简单曲线，可表示为如下的线性形式：

$$\varepsilon = a_0 + a_1 \Lambda^* \tag{9.39}$$

式中，$\Lambda^* = (\lambda^* - \lambda_{min})/(\lambda_{max} - \lambda_{min})$，$\lambda_{min}$ 为热像仪响应波段的下限；λ_{max} 为热像仪响应波段的上限；λ^* 响应波段的中心波长；a_0 与观测方向天顶角等有关；a_1 与热像仪的波段有关，可由标定得到。所以 ε_1 和 ε_2 可表示为

$$\varepsilon_1 = a_0 + a_1 \Lambda_1^* \tag{9.40}$$

$$\varepsilon_2 = a_0 + a_1 \Lambda_2^* \tag{9.41}$$

式中，Λ_1^* 和 Λ_2^* 为热像仪两个波段的无量纲波长，是已知量。

图 9.8 为英国南安蒲墩大学的实测海面辐射率结果[4]，可以看出，在 8～10.5μm 或 11～14μm 窄波段内，海面发射率函数表现为简单曲线，在此窄波段的发射率近似满足式(9.39)线性形式条件。对于 8～14μm 波段的热像仪，可以采用相应的滤光片将 8～10.5μm 或 11～14μm 成像波段细分为多个小波段，但加入滤光片后热像仪需重新标定。

这样联立求解式(9.37)、式(9.38)、式(9.40)和式(9.41)，可得到 T_0、a_0、ε_1 和 ε_2。

2. 同时反演海面温度和背景等效温度的测量方法

由式(9.15)可知，在计算条件允许下，两个波段海面的发射率 ε_1 和 ε_2 可由公式计算给出。背景辐射温度未知时，可直接利用双波段红外热像仪一次测量，利用式(9.37)和式(9.38)联立解出海面温度和背景等效温度。

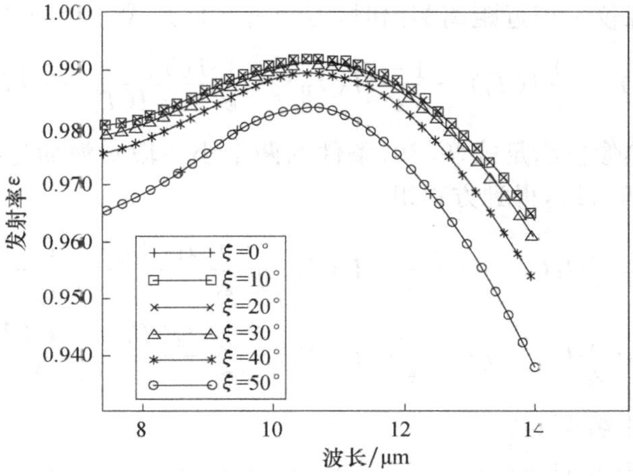

图 9.8　8～14μm 波段不同观测角下海面辐射率[4]

9.3.3　考虑太阳辐射影响时海面温度的测量原理

1. 考虑太阳辐射影响时的海面温度测量

当存在太阳辐射时，利用红外热像仪准确测量海面温度的难度较大。对于海面，可以认为反射率 $\rho=1-\varepsilon$，式(9.32)变为

$$I(T_0)=\frac{1}{\tau_\varepsilon \varepsilon}I(T_r)-\frac{1-\varepsilon}{\varepsilon}I(T_B)-\frac{\rho'}{\varepsilon}I(T_s)-\frac{1-\tau_a}{\tau_a\varepsilon}I(T_a) \tag{9.42}$$

由于双向反射率 ρ' 未知，而双向反射率主要涉及海面对太阳直射辐射的反射作用，此时可通过改变直射辐射的大小来消去双向反射率。方法如下，在太阳直射方向增加一红外探照灯投射至海面，改变背景辐射项，此时红外探照灯的辐射项为 $I(T_s')$，则可以得到

$$I(T_0)=\frac{1}{\tau_a \varepsilon}I(T_r')-\frac{\rho}{\varepsilon}I(T_B)-\frac{\rho'}{\varepsilon}[I(T_s)+I(T_s')]-\frac{1-\tau_a}{\tau_a\varepsilon}I(T_a) \tag{9.43}$$

联立式(9.42)、式(9.43)，则

$$\rho'=\frac{I(T_r')-I(T_r)}{\tau_a I(T_s')} \tag{9.44}$$

将式(9.44)代入式(9.42)，所以

$$I(T_0)=\frac{1}{\tau_a \varepsilon}I(T_r)-\frac{1-\varepsilon}{\varepsilon}I(T_B)-\frac{1}{\tau_a\varepsilon}\frac{I(T_r')-I(T_r)}{I(T_s')}I(T_s)-\frac{1-\tau_a}{\tau_a\varepsilon}I(T_a) \tag{9.45}$$

当红外热像仪采用近距离测温时，可视 $\tau_a=1$，则式(9.45)变形为

$$I(T_0)=\frac{1}{\varepsilon}I(T_r)-\frac{1-\varepsilon}{\varepsilon}I(T_B)-\frac{1}{\varepsilon}\frac{I(T'_r)-I(T_r)}{I(T'_s)}I(T_s) \tag{9.46}$$

分别采用热像仪满足式(9.39)条件的两个小波段对海面进行测温，并加入式(9.40)和式(9.41)，得到方程组

$$\begin{cases}I_1(T_0)=\dfrac{1}{\varepsilon_1}I_1(T_{r1})-\dfrac{1-\varepsilon_1}{\varepsilon_1}I_1(T_B)-\dfrac{1}{\varepsilon_1}\dfrac{I_1(T'_{r_1})-I_1(T_{r1})}{I_1(T'_{s1})}I_1(T_s)\\ I_2(T_0)=\dfrac{1}{\varepsilon_2}I_1(T_{r2})-\dfrac{1-\varepsilon_2}{\varepsilon_2}I_2(T_B)-\dfrac{1}{\varepsilon_2}\dfrac{I_2(T'_{r_2})-I_1(T_{r2})}{I_2(T'_{s2})}I_2(T_s)\\ \varepsilon_1=a_0+a_1\Lambda_1^*\\ \varepsilon_2=a_0+a_1\Lambda_2^*\end{cases} \tag{9.47}$$

此时方程组中共含四个未知参数 T_0、ε_1、ε_2 和 a_0，对方程组迭代求解即可得到海面温度值 T_0。

2. 实施方法及步骤

由式(9.43)可以发现，测温时需要测量的参数包括热像仪两个波段接受的辐射能 $I(T_r)$、天空背景辐射 $I(T_B)$、太阳直射辐射 $I(T_s)$以及红外探照灯直射辐射$I(T'_s)$，实施方法和步骤如下：

(1) 对热像仪加装滤光片，并用黑体炉进行标定。

(2) 调节热像仪的发射率，将发射率设置为 1.00。

(3) 测量太阳的直射方向，将红外探照灯放置于预定位置和距离处，沿太阳直射朝向海面。

(4) 将热像仪放置在距离海面选定距离处，瞄准目标并调好焦距，热像仪方向垂直于海面，记录下测量值。

(5) 在热像仪测量海面温度值的同时，使用红外辐射计测量天空背景辐射和太阳辐射值。

(6) 打开红外探照灯，再次使用热像仪测量海面温度值，并使用红外辐射计测量红外探照灯辐射值。

(7) 使用标定好的热像仪另一波段重复(4)～(6)步骤，记录测量结果，将测量结果代入方程组(9.47)中，反演得到海面温度值。

(8) 重复(3)～(7)步骤数次，反演得到海面温度值，取几次反演的平均值，即得到海面的温度值。由于太阳的方位在时刻发生变化，因此在得到一组数据后需实时调整探照灯的位置，而海水的热容量较大，海面温度值短时间变化极

小，所以取多次测量值得平均值即为海面的实时温度值。

参考文献

[1] Sidran M. Infrared sensing of sea surface temperature from space [J]. Remote sensing of environment, 1980, 10: 101—114.

[2] Walton C C, Pichel W G, Sapper J F, et al. The development and operational application of nonlinear algorithms for the measurement of sea surface temperatures with the NOAA polar-orbiting environmental satellites [J]. Journal of Geophysical Research, 1998, 103, 27999—28012.

[3] Merchant C J, Le Borgne P, Marsouin A, et al. Optimal estimation of sea surface temperature from split-window observations [J]. Remote Sensing of Environment, 2008, 112: 2469—2484.

[4] 任洪启. 热红外测量海表面温度中的 ε 修正[J]. 海洋技术，2003，22(3)：7—9.

[5] 李冰，李响，魏臻. 实时定标红外测温法测量海水表面温度[J]. 天津理工大学学报，2010，26(2)：66—69.

[6] Cox C, Munk W. Statistics of the sea surface derived from sun glitter [J]. Journal of Marine Research, 1954, 13: 198—227.

[7] Cox C, Munk W. Measurement of the roughness of the sea surface from photographs of the sun's glitter [J]. Journal of Optical Society of America, 1954, 44: 838—850.

[8] Beckmann P. Shadowing of random rough surfaces[J]. IEEE Transaction, Antennas Propagation, 1965, AP-13: 384—388.

[9] Brockelman R A, Hagfors T. Note on the effect of shadowing on the backscattering of wave from a random rough surface [J]. IEEE Transaction, Antennas Propagation, 1965, AP-14: 621—626.

[10] Saunders P M. Shadowing on the ocean and the existence of the horizon [J]. Journal of Geophysical Research, 1967, 42: 4643—4649.

[11] Saunders P M. Radiance of sea and sky in the infrared window 800～1200cm^{-1} [J]. Journal of the Optical Society of America, 1968, 58: 645—652.

[12] Hale G M, Querry M R. Optical constants of water in 200nm to 200μm wavelength region [J]. Applied Optics, 1973, 12: 555—563.

[13] Pinkley L M, Sethna P P, Williams D. Optical constants of water in the infrared: Influence of temperature[J]. Journal of the Optical Society of America, 1977, 67(4): 494—499.

[14] Friedman D. Infrared characteristics of ocean water (1. 5～15μm) [J]. Applied Optics, 1969, 8(10): 2073—2078.

[15] Takashima T, Takayama Y. Emissivity and reflectance of the model sea surface for the use of AVHRR data of NOAA satellites[J]. Pap. Meteorol. Geophy, 1981, 32: 267—274.

[16] Masuda K, Takashima T, Takayama Y. Emissivity of pure and sea water for the model sea surface in the infrared window regions[J]. Remote Sensing Environment, 1988, 24: 313—

329.

[17] Wu X Q, Smith W L. Emissivity of rough sea surface for 8～13μm: Modeling and verification[J]. Applied Optics, 1997, 36(12): 2609—2619.

[18] Bourlier C, Berginc C, Saillard J. Theoretical study on two-dimensional Guassian rough sea surface emission and reflection in the infrared frequencies with shadowing effect[J]. IEEE Transaction, Geoscience and Remote Sensing, 2001, 39(2): 379—392.

[19] Yoshimori K, Tamba S, Yokoyama R. Simultaneous measurements of skin sea surface temperature and sea surface emissivity from a single thermal imagery [J]. Applied Optics, 2002, 41(24): 4937—4944.

[20] Henderson B G, Theiler J, Villeneuve P. The polarized emissivity of a wind-roughened sea surface: A Monte Carlo model [J]. Remote Sensing of Environment, 2003, 88: 453—467.

[21] Niclòs R, Valor E, Caselles V, et al. Sea surface emissivity angular measurements comparison with theoretical models [C]. SPIE, 2003, 5233: 348—356.

[22] 徐希孺. 遥感物理[M]. 北京：北京大学出版社，2005.

[23] 罗森诺. 传热学手册(下册)[M]. 北京：科学出版社，1985.

[24] 余其铮. 辐射换热原理[M]. 哈尔滨：哈尔滨工业大学出版社，2000.

[25] Wu X, Smith W L. Emissivity of rough sea surface for 8～13μm: Modeling and verification [J]. App. Opt., 1997, 36(12): 2609—2619.

[26] 冯士筰，李凤岐，李少菁. 海洋科学导论[M]. 北京：高等教育出版社，1999.

[27] 杨桢，张士成，杨立. 反射温度补偿法及其实验验证[J]. 光学精密工程，2010, 18(9): 1959—1964.

[28] 田国良，等. 热红外遥感[M]. 北京：电子工业出版社，2006.